现场
施工员
101 问

章 琛 编著

机械工业出版社
CHINA MACHINE PRESS

新时代建筑业发展背景下，作为施工中项目目标落地的承上启下者，施工员发挥着将建筑从图样落实到实际的关键作用。作者立足于自身的工作实践，通过归纳、总结和思考梳理出了施工员在工作、生活及职业成长中遇到的 101 个关键节点，按沟通的技术、施工准备阶段技术要点、施工阶段技术要点、收尾与维修阶段要点、个人管理技术要点 5 个版块进行了既生动有趣又严肃认真的讲解。希望本书能成为建筑业同仁借鉴参考和学习的案头工具书。

图书在版编目（CIP）数据

现场施工员 101 问/章琛编著 . —北京：机械工业出版社 , 2022.1
ISBN 978-7-111-69806-7

Ⅰ . ①现… Ⅱ . ①章… Ⅲ . ①建筑工程—施工现场—施工管理—问题解答
Ⅳ. ① TU7-44

中国版本图书馆 CIP 数据核字（2021）第 251238 号

机械工业出版社（北京市百万庄大街 22 号邮政编码 100037）
策划编辑：薛俊高　责任编辑：薛俊高
责任校对：刘时光　封面设计：张　静
责任印制：常天培
北京机工印刷厂印刷
2022 年 1 月第 1 版第 1 次印刷
184mm × 260mm · 15.5 印张 · 365 千字
标准书号：ISBN 978-7-111-69806-7
定价：59.00 元

电话服务　　　　　　　　网络服务
客服电话：010-88361066　机　工　官　网：www.cmpbook.com
　　　　　010-88379833　机　工　官　博：weibo.com/cmp1952
　　　　　010-68326294　金　书　网：www.golden-book.com
封底无防伪标均为盗版　机工教育服务网：www.cmpedu.com

前 言

有一段时间，项目上检查很多，而且每次检查效果都不好。公司领导点评完后，项目经理会把我们留下来开一个小会，在会上批评施工员没有责任心，现场缺乏管理。作为施工员中的一员，根据我的观察，周围的同事其实都是很有责任心的人，他们的工作也很辛苦，主要问题不在动力，而在工作方法和能力。

施工员的主要工作是沟通协调、组织施工、布置现场施工平面、制订施工计划、进行现场安全和进度管理、编制技术资料等，质量检验只是其中一小部分。目前，市场上指导施工员工作的书种类不少，但书中大部分内容是相关规范和主要工序技术做法的摘录，90%的内容集中在质量管理上，对施工员现场实际工作的针对性指导意义不大。于是我萌生了写一本指导解决施工员日常工作中遇到问题的书的想法。

本书第1章主要讲解与分包单位打交道的技巧。现在新入职的施工员多是独生子女，参加工作以前的生活基本都是在家庭和学校中度过的，从小到大接触的人际关系都比较简单。参加工作后，面对"身经百战"的分包单位管理人员，难免力不从心，"管不住分包"。对参加工作多年的施工员来说，工作的痛苦大部分也来源于"分包不听话"。本书中介绍了一系列沟通技巧，还提供了说话模板和对话清单，以便帮助施工员从容应对沟通问题，尽可能做到和分包单位人员在"谈笑风生"中将问题顺利解决。

本书第2章关注施工前的技术准备，包含平面布置、施工进度计划的编制、模板和脚手架设计、临建施工等工作的方法和要点。这一章还从提高项目管理效益出发引入了BIM技术，介绍了面向施工的建模方法和实际应用。

本书第3章阐述了施工阶段的安全、质量、进度、试验等工作的管理要点。希望通过本章的学习，施工员能对现场到底管什么、怎么管这个问题加深自己的理解。

本书第4章主要讲解了收尾和维修阶段提高效率的技巧。如果你厌倦了每天不得不晚上加班做资料、做销项表、做结算的生活，那么就应该先看看这一章。

最后的第5章探讨了与施工员息息相关的职业资格考试准备、升职加薪、压力应对等话题。这一章最后一节介绍了"掌握分析和实事求是的工作方法"，本书就是编者参加工作多年应用这个工作方法的心得体会和成果总结。

衷心希望本书能帮助广大工程从业人员提高自己的工作效率。让我们一起努力，在追求个人身心幸福、实现人生价值的同时，为祖国建设做出更大的贡献！

章 琛

2021年5月于青岛

目　录

前言

第1章　沟通的技术

1.1　沟通前的准备 ·· 1

Q1 为什么对分包单位缺乏管理 ··································· 1

Q2 内向的人怎么和分包做好沟通 ······························ 3

Q3 怎样和分包单位有效沟通——牢记目的法 ············· 4

Q4 怎样和分包达到双赢——第三选择法 ···················· 6

Q5 怎样组织身体语言应对分包 ··································· 7

Q6 怎样和分包单位讨价还价——锚定效应法 ············· 8

Q7 怎样应对暴躁的分包——情感补偿法 ···················· 9

Q8 怎样处理自己的情绪 ·· 11

Q9 怎样和分包单位谈关键问题 ·································· 16

1.2　沟通的展开 ·· 19

Q10 怎样做好对分包单位的平时管理 ························· 19

Q11 怎样应对愤怒的分包 ·· 20

Q12 怎样应对强势的分包——利用准则法 ·················· 21

Q13 怎样获得分包的信任——倾听法 ························· 22

Q14 怎样和分包单位做交易——不等价交换法 ············ 23

Q15 怎样给分包单位安排工作 ··································· 25

Q16 怎样应对分包单位"扯皮" ································· 26

Q17 怎样分配楼层清理垃圾 ······································ 28

Q18 怎样划分相关方责任 ·· 30

Q19 怎样处理接不完的电话 ······································ 32

Q20 怎样和领导汇报工作 ·· 34

Q21 领导发飙怎么办 ································· 35

Q22 怎样让分包单位改变想法——循序渐进法 ··········· 36

Q23 怎样应用沟通技巧——关键沟通清单 ············· 38

Q24 有哪些有用的说话模板 ···················· 39

第2章　施工准备阶段技术要点

2.1　施工组织设计 ·························· 42

Q25 怎样看图样 ·························· 42

Q26 怎样做现场平面布置 ···················· 45

Q27 项目管理基本知识 ···················· 48

Q28 Project 软件入门 ···················· 50

Q29 怎样编制工程总进度计划 ················· 53

Q30 怎样编制有指导性的施工计划 ··············· 56

Q31 怎样编写施工组织总设计 ················· 57

Q32 怎样编写施工方案 ···················· 64

Q33 Word 排版要点 ······················ 71

Q34 安全技术交底内容和部分分项工程交底要点 ········· 75

Q35 怎样学习平法 ······················ 77

Q36 悬挑脚手架设计方法 ···················· 79

Q37 模板及其支撑架设计要点 ················· 86

2.2　BIM技术应用 ························· 92

Q38 BIM 技术在工程施工阶段的应用 ·············· 92

Q39 怎样快速绘制排砖图 ···················· 95

Q40 SketchUp 建模经验 ···················· 98

Q41 Revit 机电各专业建模和管线综合要点 ··········· 102

Q42 Revit 机电项目样板设置要点 ··············· 109

Q43 Revit 建筑结构建模要点 ················· 116

Q44 Navisworks 使用要点 ··················· 122

2.3　临建施工 ···························· 126

Q45 临建施工要点 ······················ 126

Q46 塔式起重机基础施工要点 ·· 127

第3章 施工阶段技术要点

3.1 安全管理要点 ·· 129

Q47 施工员怎样管安全 ·· 129

Q48 总包管理人员怎样保证自身安全 ································ 130

Q49 吊装作业管理要点 ·· 131

Q50 门式脚手架操作平台现场管理要点 ······························ 134

Q51 模板支撑架施工和验收要点 ······································ 135

Q52 落地式脚手架现场常见问题 ······································ 136

Q53 悬挑脚手架现场安装验收要点 ···································· 137

Q54 吊篮平时检查要点 ·· 144

Q55 施工用电管理要点 ·· 145

Q56 安全防护要点 ·· 147

3.2 分项工程要点 ·· 150

Q57 钢筋工程要点 ·· 150

Q58 怎样保证模板质量 ·· 151

Q59 混凝土施工要点 ·· 153

Q60 砌体工程施工要点 ·· 155

Q61 防水工程施工要点 ·· 156

Q62 保温工程技术要点 ·· 158

Q63 保温工程施工要点 ·· 161

Q64 烟道施工要点 ·· 162

Q65 屋面工程施工要点 ·· 164

Q66 抹灰和腻子施工要点 ·· 165

3.3 试验工作要点 ·· 168

Q67 试块怎么留 ·· 168

Q68 怎样做试块评定 ·· 170

Q69 试验员工作要点——主体阶段 ··································· 172

Q70 试验员工作要点——装饰装修阶段 ······························ 174

Q71 怎样批量制作二维码 ⋯⋯⋯⋯⋯⋯⋯⋯⋯⋯⋯⋯⋯⋯⋯ 176

Q72 怎样快速制作委托单 ⋯⋯⋯⋯⋯⋯⋯⋯⋯⋯⋯⋯⋯⋯⋯ 179

Q73 如何快速记录每日天气数据 ⋯⋯⋯⋯⋯⋯⋯⋯⋯⋯⋯⋯ 181

3.4　车库施工要点 ⋯⋯⋯⋯⋯⋯⋯⋯⋯⋯⋯⋯⋯⋯⋯⋯⋯⋯⋯ 184

Q74 人防门安装工程要点 ⋯⋯⋯⋯⋯⋯⋯⋯⋯⋯⋯⋯⋯⋯⋯ 184

Q75 人防工程知识——建筑篇 ⋯⋯⋯⋯⋯⋯⋯⋯⋯⋯⋯⋯ 186

Q76 人防工程知识——结构篇 ⋯⋯⋯⋯⋯⋯⋯⋯⋯⋯⋯⋯ 189

Q77 车库顶板回填要点 ⋯⋯⋯⋯⋯⋯⋯⋯⋯⋯⋯⋯⋯⋯⋯⋯ 190

Q78 地下室抽水要点 ⋯⋯⋯⋯⋯⋯⋯⋯⋯⋯⋯⋯⋯⋯⋯⋯⋯ 192

3.5　现场管理要点 ⋯⋯⋯⋯⋯⋯⋯⋯⋯⋯⋯⋯⋯⋯⋯⋯⋯⋯⋯ 193

Q79 怎样应对检查 ⋯⋯⋯⋯⋯⋯⋯⋯⋯⋯⋯⋯⋯⋯⋯⋯⋯⋯ 193

Q80 施工员怎样提高执行力 ⋯⋯⋯⋯⋯⋯⋯⋯⋯⋯⋯⋯⋯ 195

Q81 施工员怎样解决工程上的问题 ⋯⋯⋯⋯⋯⋯⋯⋯⋯⋯ 196

Q82 怎样选择合适的施工方案 ⋯⋯⋯⋯⋯⋯⋯⋯⋯⋯⋯⋯ 197

Q83 施工员怎样管理时间 ⋯⋯⋯⋯⋯⋯⋯⋯⋯⋯⋯⋯⋯⋯⋯ 199

Q84 施工员怎样管理自己的精力 ⋯⋯⋯⋯⋯⋯⋯⋯⋯⋯⋯ 200

Q85 提高现场管理能力的工具 ⋯⋯⋯⋯⋯⋯⋯⋯⋯⋯⋯⋯ 202

第4章　收尾与维修阶段要点

4.1　资料制作技术要点 ⋯⋯⋯⋯⋯⋯⋯⋯⋯⋯⋯⋯⋯⋯⋯⋯⋯ 206

Q86 PDF 转 Word 及从图片提取文字 ⋯⋯⋯⋯⋯⋯⋯⋯⋯ 206

Q87 施工员应该知道的 Excel 知识 ⋯⋯⋯⋯⋯⋯⋯⋯⋯⋯ 208

Q88 如何快速做资料 ⋯⋯⋯⋯⋯⋯⋯⋯⋯⋯⋯⋯⋯⋯⋯⋯⋯ 209

Q89 利用 VBA 快速制作销项表 ⋯⋯⋯⋯⋯⋯⋯⋯⋯⋯⋯⋯ 210

Q90 怎样申请科技成果 ⋯⋯⋯⋯⋯⋯⋯⋯⋯⋯⋯⋯⋯⋯⋯⋯ 212

4.2　结算和维修工作技术要点 ⋯⋯⋯⋯⋯⋯⋯⋯⋯⋯⋯⋯⋯ 216

Q91 做结算的要点 ⋯⋯⋯⋯⋯⋯⋯⋯⋯⋯⋯⋯⋯⋯⋯⋯⋯⋯ 216

Q92 怎样数模壳数量 ⋯⋯⋯⋯⋯⋯⋯⋯⋯⋯⋯⋯⋯⋯⋯⋯⋯ 217

Q93 金属工程结算要点 ⋯⋯⋯⋯⋯⋯⋯⋯⋯⋯⋯⋯⋯⋯⋯⋯ 220

Q94 怎样快速处理超限供 220

Q95 Photoshop 基本操作 224

Q96 怎样制作签名水印 225

Q97 住宅项目装修后开裂问题的维修要点 226

第5章　个人管理技术要点

Q98 怎样通过执业资格考试 228

Q99 施工员怎样管理压力 229

Q100 施工员怎样争取升职加薪 231

Q101 掌握分析和实事求是的工作方法 233

致谢 238

参考文献 239

第 1 章

沟通的技术

　　和项目相关方沟通是施工员工作的主要内容，但是施工员很少有机会接触沟通技巧相关的培训。许多施工员只能靠本能沟通，这给工作带来了很多困扰。本章将介绍有关沟通的方法、技巧。沟通是一种能力，而能力是可以通过训练掌握的。

1.1 沟通前的准备

Q1 为什么对分包单位缺乏管理

　　施工员大部分工作是接到电话后去协调。能算上主动管理的，也最多是在工地缺人的时候催催分包单位上人。平时和分包单位一团和气，快检查的时候发几张安全质量卫生的照片到工作群里@一下分包，就算是尽到自己责任了。

　　可是另一方面，施工员又经常抱怨分包单位"不听话""不配合"，不按要求的工期、质量标准施工，施工场地脏乱差、安全防护不到位等。但是在工地上看到分包单位不合规范的行为，大部分施工员都是选择保持沉默，听之任之。新入职的员工有的还管一下，但是时间久了之后也变得"老油条"了，不怎么管了。

　　当然，以上是我经历过的三个项目的情况，不能代表所有工地。

　　为什么大部分施工员对分包单位的违规行为都保持沉默？

　　首先，人是社会性动物，避免冲突是人的本能。就像买东西排队的时候遇到插队的，大部分情况下，排队的人会对插队的人投去鄙视的目光，但是很少有人会站出来让那个人去排队。

　　施工员遇到分包单位"不听话"时，往往会在心里想象和分包单位发生冲突之后的情景，扩大风险。比如想着我去说他，他也许不听，以后还可能会更加不配合工作。更甚者，他会不会和我吵架啊？要是打起来怎么办？

　　考虑到风险之后，施工员还会继续合理化自己的行为。比如，这都是小事，我不管也

1

没什么关系，楼还能塌了吗？最后交工就行了，还是等领导出面管吧。

其次，工地的环境也鼓励保持沉默。我曾经和一个分包单位的工头吵得很厉害，结果领导把我们叫过去让我们握手言和。明明错在对方，最后对方一点后果也没有承担，还是照常上班，自己还要跟着说好话。"枪打出头鸟"，有这样的经历，以后再遇到这类问题，能躲就躲，不敢出头，也是正常不过的。

最后，分包单位也比较"精明"。对严格要求他们的施工员，他们就假装生气应对；对于不大管他们的施工员，他们就和和气气，平时还买个水，递根烟，然后说那些管他们的施工员的坏话。人都在乎别人对自己的看法，少管分包，分包对自己客气；多管分包，分包对自己不客气，还背后说自己坏

注：本图片中间拿手指指人的顾工实际是在谈问题，他的这个动作有点咄咄逼人的样子，所以引用一下，实际上顾工是个很和气的人

话。这样很多施工员就被分包单位拉到"统一战线"了，以后看到违规的行为，也就保持沉默了。

但是，保持沉默是有代价的。对个人来说，我们一次次忍耐，内心的不满一次次上升，终于有一天会爆发出来。比如，隔一段时间就会和分包单位大吵一场。有的人能做到都压在心里，但是这样会把自己憋坏的。

忍一时越想越气

对于分包单位来说，看到自己的违规行为没人管，会更加松懈，现场变得更差。别的"听话的"队伍也会跟着变差。我们的项目经理就经常在会上说，来的队伍都是好队伍，怎么到我们工地都不行了？然后批评施工员没有责任心。

我想，很多时候不是施工员没有责任心，而是他们有心无力。现在的施工员大多是独生子女、大学毕业，从小经历的人际关系是很简单的。沟通对象一下子从父母老师同学这样礼貌又理性的对象转化为工地上"身经百战"的分包，难免不好适应。

马克思说过"哲学家们只是用不同的方式解释世界，问题在于改变世界"。我们了解施工员不作为的原因后，更重要的是去学习如何作为。沟通是一种技能，实践证明是完全可以通过学习和练习掌握的。接下来的几个章节将具体讲解和分包单位沟通的技巧和方法。

沟通技巧1

检查自己的假设

人都是社会性动物，都有避免冲突的本能。许多施工员不去管队伍，是因为把沟通的风险想得太大了。可以试试和分包谈问题，看看后果是不是和自己想象的一样严重。

Q2 内向的人怎么和分包做好沟通

很多人认为内向的人不适合在工地工作，因为内向的人不会说话，不会和分包搞好关系，胆小嘴笨不敢大声吵架。我们要辩证地看待这个问题，首先，并不是声音大就能管好工地，有个副职领导有句非常经典的比喻"如果声音大就有用的话，那应该请驴来管工地"。（我没有听过驴叫，听这句话的意思应该是驴叫的声音很大）。

另一方面，也要看到，内向的人容易变成老实人，被欺负。他们遇到问题能忍则忍，但是这种不满的情绪会不断积累，有一天爆发出来，反而被别人问你怎么这样，这么一点小事都生气。别人却不知道他的情绪已经积累很久了。

我们应该趋利避害地利用内向的性格。内向的性格好处很多，古人都说过，"深沉厚重"是第一等的品质。同时，我们也应该克服过于敏感、不善表达的缺点。为了达到这个目的，需要了解内向背后的心理。心理学家经常说，某个问题的原因搞清楚了，问题就解决一半了。

"深沉厚重是第一等资质，磊落豪雄是第二等资质，聪明才辩是第三等资质"

——吕坤《呻吟语》

心理误区一：内向的人和外向的人的区别就是"会不会说话"

内向的人不是不会说话，只是比较敏感。和外向的人相比，内向的人对外界刺激比较敏感，精力恢复的速度也比较慢。外向的人和分包沟通的时候，即使吵架心里也没什么大的感觉，觉得天经地义；内向的人则觉得怎么能吵架啊，是不是不尊重我。另外，吵架或是不愉快的事情之后，外向的人很容易恢复精力，内向的人则可能会郁闷上好几天。了解这一点，内向的人就不用怀疑自己的说话能力，只要自己不那么敏感，也能做好沟通。

心理误区二：内向的人不会和分包交朋友

普遍认为外向的人能和分包打成一片，内向的人则不会打交道。这种想法也不对，如前面说的，内向的人更加敏感，他们其实共情能力更高，他们更在意的是深度链接，不喜欢泛泛之交。在他们看来，因为有经济利益的冲突，和分包单位的管理人员的关系是异化的，不可能和分包单位称兄道弟。

谈笑风生

特别敏感、脆弱

当然，过犹不及，对于分包单位，一点不接触肯定不行。内向的人应该注意准备些客套话和说话模式，加上不时赞美一下对方，有这两点说话技巧就够用了。

心理误区三：内向的人胆小、嘴笨

内向的人和他人发生不愉快的事情之后，过了一段时间，才会想起来刚才还有好多话没说，刚才应该那样反驳他。于是埋怨自己嘴笨，埋怨自己胆小。

其实嘴笨和胆小是表面原因，深层原因是自己太敏感了，太在意别人的看法，太在意和别人的关系了。别人的看法影响他们对自己价值的认定，要是别人不喜欢自己的话，那怎么得了啊！所以自己利益被侵犯的时候，内向的人害怕自己和对方发生冲突，害怕冲突影响和对方的关系，于是总是压抑自己。

综上所述，内向的人和外界交往的最大问题是太敏感，对自己不自信，不接纳自己，不接纳负面情绪。因此，一方面要做好心理建设，告诉自己"我不是人民币，不可能大家都喜欢"。另一方面，要给生活树立小目标，并不断实现这些小目标，通过"目标感+成就感=自信"的公式收获自信。一个人有追求，有成果，他就不会太在意别人的目光，不会因为别人影响自己对自己的看法。

 沟通技巧2

克服内心的敏感

告诉自己我不是人民币，不可能人人都喜欢。内向的施工员只要掌握一些说话模板，也能和分包单位谈笑风生。

Q3 怎样和分包单位有效沟通——牢记目的法

都是施工员
为什么你这么优秀

魏建是我见过的最优秀的施工员。每次领导和施工员开会，问一些工地上的问题。大家回答的时候，免不了有些问题"不大清楚，需要回去查一下""回去和分包研究一下"。可是魏建每次都对答如流，成竹在胸。我很好奇，都是施工员，为什么魏建这么优秀呢？

于是有一天，我和魏建一起去工地，我想观察魏建是怎么和分包单位交流的。

魏哥到了工地，第一件事情就是找到二次结构的分包管理人员，和他一起找个房间坐下。两人先寒暄几句，魏哥把话题引到某件活怎么安排。讨论一番后，又回到闲聊上，闲聊一阵后又开始讨论工地上的事情。如此交谈半个小时，魏哥满意地离开了，接着去找外墙单位的管理人员谈问题了。

路上我问魏哥，"刚才听你们讲话，把重要的问题都讨论了，这是怎么做到的啊？"

魏哥说："要问什么问题，我都记在脑子里呢。"

脑子是个日用品
希望你不要把它当做装饰品

我一下子收到了启发，当时的我都是想到一个问题就和分包打一次电话，没什么条理，遗漏了什么问题也不知道。于是我和魏哥学习了这种牢记目的的闲聊沟通法，每次去工地前都要把重要的问题捋一遍，到了工地先找分包单位的管理人员谈这些问题。采用这种方法后，开小会时领导问的问题我也大部分能回答了，平时工作效率也提高了。

后来我发现，牢记沟通目标真是非常重要的沟通技巧，而且不仅要在沟通前牢记目标，沟通过程和沟通后也要牢记目标。

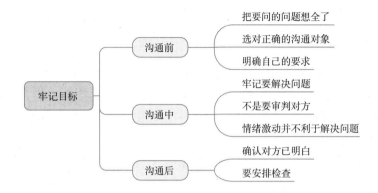

1. 沟通前

沟通前要把问题一次想全了，特别是打电话问的时候，不然一次次打电话，自己和对方都烦。

要根据目标选择沟通的对象。比如对方的队伍缺少人手，那么和现场管理人员沟通往往就没什么用，需要找他们老板或是领导反馈。

沟通前，要明确自己的要求。比如你去要求分包注意安全防护，这种笼统的说法基本没有效果。你应该和他说今天应把 3 层防护修好这种具体的事情。

2. 沟通中

沟通的时候，要记住自己的目标是解决问题，不是和对方吵架。分包单位有没做到位的地方，和他们沟通的时候，不要把自己置于法官的位置，审判对方。而是要想办法和对方一起解决问题。

发现因为对方情绪激动或是扯皮离开目标时，要把话题拉回来。

3. 沟通后

谈话快结束的时候，要确认对方是不是真的搞懂了。一般没有搞懂的时候，他们的表情会出现疑问的样子。这个时候可以说"这件事我觉得挺难的，我再说一遍"，直到对方真的理解为止。

用微信沟通的时候，要注意收到对方的回复才算完成了。有时候工地信息太多，分包单位收不到，有时候分包单位觉得麻烦故意不做，以后用没看到信息来搪塞。所以遇到分包单位对你发出的信息没有回复的，要打电话确认。

沟通的目的是为了解决问题，因此沟通之后，必须抽时间检查工作开展情况。有些施工员交代之后就不管了，领导问的时候就说"我已经交代过了，都是分包单位的问题"。我个人觉得这样的工作方式不太好。

 沟通技巧3

牢记自己的目的

沟通整个过程都要牢记目标。沟通前要全面、具体地找到想解决的问题，选择正确的沟通对象；沟通过程中关注目标，不要被情绪带偏了；沟通完成后要确认对方是否收到信息了，还要安排时间检查工作。

Q4 怎样和分包达到双赢——第三选择法

疫情期间，政府部门要求工人每天进工地前都要测温和登记表格。刚开始大家还配合，但是过了一段时间后，很多工人提出了不满。因为工人上班的时间差不多，一下子几百号人排队等着测温和登记，排队的时间就快一个小时了。有的分包管理人员也发牢骚，还拍短视频发到管理群里。

面对问题，大部分的人都容易犯"非此即彼"的错误。似乎只有两条路可走：要么降低标准，让工人只测温不要登记了；要么强压分包，让他们遵守规则。

许总（图中最左边面向大家者）和分包管理人员讨论问题

但是我们项目部的安全总监许总是个善于思考的人。他知道分包单位想要早点进工地干活，这和项目部之间没有根本的利益冲突。项目部应该做的，是想方设法减少排队等待的时间。许总把分包单位叫到一起讨论怎么实现这个目标，最后他们给住生活区的工人发了胸牌，规定生活区的工人在出生活区的时候登记和测温，凭胸牌进工地。住生活区的工人和住在本地的工人数量差不多，这样只有住本地的工人要在工地门口登记，大家排队的时间一下子减少了一半。

疫情期间，项目部每天早上安排管理人员维持进场秩序。图中有胸牌的是住在项目部生活区的工人，出生活区时已经登记测温，可以直接进工地。

后来，许总继续改进。他让分包单位把工人信息打印成表，工人每天进场时在对应的行签名和登记温度就行，不用重新写自己的单位和住址，这样就进一步减少了门口排队的时间。

施工员的工作是解决工地上的问题。很多施工员觉得和分包单位的矛盾是不可协调的。要么和分包单位妥协，降低自己的标准；要么通过罚款单、找领导等"压住"他们。

也有人强调要追求双赢，要站在对方角度看问题。但是只做到这一步的话，就只能得出对方的观点也有道理的结论。许多施工员有时也以分包单位不好赚钱为由放松对分包单位的管理。这样不是双赢，而是分包单位赢两次，最终结果是质量下降，分包单位和总包单位都输。

因此，施工员在解决问题时，要跳出"非此即彼"的误区，开动脑筋，和分包单位一起讨论，看看为了达成目标，还有没有更好的第三种选择。

 沟通技巧4

> **用第三选择达到双赢**
>
> 　　面对问题，不要局限于妥协或强压这两种方法。明确要达成什么目标，和分包单位一起开动脑筋，想出达成目标的第三条路。

Q5 怎样组织身体语言应对分包

工地上的分包毕竟是"身经百战，见的多了"。必须在他们面前展示自己的自信，不然有些分包会以为你好说话、好打发。组织身体语言是展示自信的好办法。

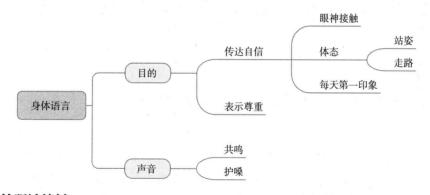

1. 保持眼神接触

动物世界里两只猛兽相遇，总会先打量对方，然后决定逃跑还是和对方打一架。我们人类也不例外，想一下我们自己的经历：我们都能判断对方是否自信，依据就是对方的眼神、体态。如果一个人眼神躲来躲去，身体扭扭捏捏，我们很快就能得出对方不自信的结论。因此，和对方交谈时，要多花时间看对方的眼睛，用坚定的眼神传达自信。

有人会觉得看对方的眼睛不好意思，或者感觉太有攻击性了。可以尝试看对方的鼻尖，这样距离稍微远一点的话对方也分辨不出来你在看哪里。双方很近的时候，可以用研究的角度观察对方瞳孔颜色、数睫毛数量等。当然，这些技巧仅限于对男性管理人员，不能直勾勾地盯着女性看（不过工地上也很少见到女的）。

2. 保持自信的体态

站立时，抬头，挺胸，脊柱向上延伸，肚脐贴后背，头上像是顶着东西，两脚内收，这样能传达力量。走路时，脚跟先着地，双脚可以稍微内收，摆动手臂。工地上走路要快，这样领导和分包会觉得你有事情要做，不是个闲人。

3. 关注自己每天的第一印象

上班时，走进办公室的同事，第一眼是懒懒散散的状态的话，我们很容易判断对方今天没什么精神，第一眼的状态会影响一天的形象。因此每天第一次见到分包单位时，一定要注意保持形象，传达"我今天也是精神饱满工作"的信息。

每天第一印象很重要

不仅要用身体语言传达自信，还要使用身体语言表达尊重。对方说话时，不要东张西望，或是玩手机。要将身体朝向对方，身体稍向前倾，保持倾听的样子。

工地上噪声大，施工员平时说话又多，懂得保护嗓子非常重要。平时说话时声调要用喉咙舒服的音高发音。需要扩大音量时，可以利用胸腔共鸣，就是想象发声器官在胸腔第二颗纽扣位置，不要仅仅靠嗓子发声。

说话时，后槽牙打开，像嚼口香糖的样子。下巴放松，牙关不紧，声音从喉咙出来，像一条抛物线，沿着上颚、硬腭从口中射出，可以达到洪亮的效果。

 沟通技巧5

> **组织身体语言**
> 通过目光接触和体态传达自信，通过身体朝向表达尊重，通过胸腔共鸣提高音量，保护嗓子。

Q6 怎样和分包单位讨价还价——锚定效应法

零工干活需要转扣分包的时候，分包单位总是很不情愿，和他们解释半天也说不通。于是后来我改变了策略，比如要转扣分包20个人工，我先通知要转扣25个。分包单位说不行，马上开始讨价还价。我据理力争，最后表现出自己没有办法只能吃亏的样子，答应只转扣20个人工。这时候分包单位非常高兴接受了，感觉自己给公司挣了5个人工，我这边也能把签完字的资料交项目商务部，两边皆大欢喜。

人都有厌恶损失的倾向，丢了100元比捡到100元的情感体验更加强烈。所以转扣分包单位的时候，分包单位感觉自己在付出损失，他们往往非常心疼。先给一个高的数字，在他们心中形成锚定，今后谈成的数字，他们会和最初的数字对比，减少的量会当作自己的功劳。因此，使用锚定效应法，对方更加容易接受。

古人有"取乎其上，得乎其中"的说法，这也是锚定效应的原理。我们平时管理分包的时候，也要严格要求，提高标准。要求分包单位考100分，对方可能也就给出80分的活；要求对方60分就行，那对方往往会交出不合格的活。

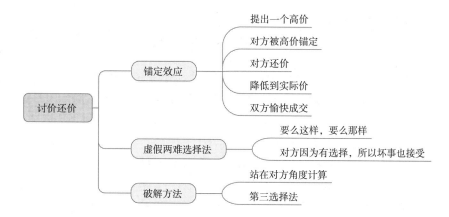

　　锚定效应的另外一个应用是虚假两难法。就是"你要么自己清理卫生，要么我找零工清理"这种句式。单单说"抓紧清理卫生的时候"，分包单位往往不为所动，因为清理卫生对他们来说意味着损失。但是给出两个选择的时候，一方面由于锚定效应，他们会觉得只有这两个选择，另一方面，他们有了选择的自由，因为人都不愿意被强迫去干什么事情，有选择的话他们会更加乐意。

　　有些身经百战的分包管理人员也掌握了这两个技巧。他们报价的时候会先报一个高得离谱的价格，给总包管理人员形成锚定，最后达到一个比较高的价格。面对施工员，他们有时候会说"要么按我的方法来，要么我不干了"，给施工员虚假两难选择，以达到自己的目的。

　　破解他们套路的方法，就是站在对方角度看问题。对方提出一个高价格的时候，从对方角度计算实际费用，再问对方为什么相差这么多。对方给出两难选择的时候，不要陷入两选一的困境，要跳出来提出第三种选择。

 沟通技巧6

> ### 锚定效应法
>
> 　　施工员应该带着对双方都有利的想法应用锚定效应法，不要把这个技巧当作操纵对方的工具，应该把这个技巧当作帮助达到双赢的工具。自己平时也要注意，对方是不是在对自己使用锚定效应法和虚假两难选择法，避免被对方操纵。

Q7 怎样应对暴躁的分包——情感补偿法

　　项目部给实验室送混凝土试块用的是分包单位的车。有一天，其中一个司机突然打电话过来，告诉我明天他只拉试块，不拉我了。让我自己想办法去实验室，因为合同上只写着拉试块，没说拉人。

　　我的本能反应是非常生气，这不是无理取闹吗？但是我注意到他的语气非常强烈，一定是在别的地方受了什么气，于是我没有和他吵，先答应

了他。

接着我给他的项目经理打电话了解情况，原来他想请假回家，老板没有批准，弄得他很生气。

我拨通了他的电话，告诉他我了解情况了，接着和他一起吐槽他的领导。我说你平时又要送试块又要管工地，每天这么忙，领导都看不到，现在连几天假也不批，太不应该了。

电话对面他变得很激动，开始滔滔不绝地抱怨了起来，我带着同理心认真倾听。大约过了20多分钟，他让我把明天要送的试块提前准备好，说自己到时候准时过来拉我去实验室。通过情感补偿的方法，我没有提具体要求，就达到了沟通目标。

有人认为，工地上声音大、能骂人才能达到目标。但是据我观察，同理心比威胁更有效。因为威胁他人，他人是带着不情愿的想法去做的，很难把事情做好。提高嗓门，偶尔为之可以，次数多了，别人会觉得你这个人咋咋呼呼的。另外，新一代的施工员从小都是讲礼貌长大的，也很难装出咄咄逼人的样子。

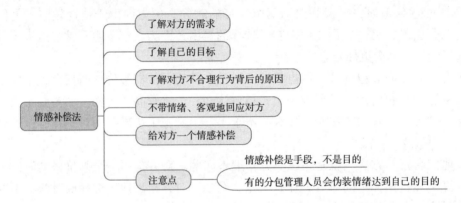

当你发现分包管理人员做出不合理举动时，不要跟着变得情绪激动，首先要了解对方的需求和情况。比如对上文司机于工来说，他找我麻烦的背后真实需求是想发泄情绪。

接着要牢记自己的目标，选择合适的方法。在开头的例子中，我的目标就是让于工带我去实验室。如果我和他吵架，就会达不到这个目标。打电话给他的项目经理了解情况才是好办法。

了解情况后，就要给对方情感补偿。站在对方角度，说出对方的感受，让对方感受到被理解。我们每个人都渴望被理解，工地上的管理人员对被理解的需求更加强烈，因为工地上的人大部分都被当作螺丝钉而不是有独立人格的个体来看待。

对方发泄情绪时，自己用心倾听就行，不要想着反驳或是提建议，记住自己的目标是补偿对方的情绪。等对方情绪发泄完了，再开始讨论问题。

要注意，情感补偿是手段，不是目的。我们的最终目标是和对方一起完成工作，不能只是倾听而没有作为。

有些分包会装出情绪激动的样子来达到自己的目的。面对这种分包，保持自己的情绪平静就是最好的回击武器。有个干主体结构队伍的项目经理，与每一个新接触的管理人员，都要吵一架，给他们一个下马威。我被调到有他的工程项目后，他也对我大吼了一通，我安静地听完，和他说"说得好"，然后提醒他站得离基坑太近了，小心别掉下去了。这位项目经理的嚣张气焰马上下去了。

我接着对他说，"你刚才那一套，对别的人可能有用，对我没用。你放心，我不会用不合理的要求去要求你，但是你也不要指望我降低标准。"这位项目经理听完哈哈一笑，拍了拍我的肩膀，我们两个的磨合期大大缩短了。

 沟通技巧7

> ### 情感补偿法
> 每个人都渴望被理解，工地上的人对被理解的需求更加强烈。当你发现分包管理人员行为不合理时，不要着急吵架，多去了解背后的原因。给他们一个情感补偿，和他们一起想办法把工作做好。

$Q8$ 怎样处理自己的情绪

有心理学家说和他人的关系就是自己和自己关系的投影。一个自尊、自信、自立的人，他的人际关系也不会坏到哪里去。因此，搞好人际关系的前提是照顾好自己的情绪，处理好自己和自己的关系。

1. 观察自己有没有偏见，及时调整

大学的时候，有一天我宿舍桌下出现了一堆纸，我想应该是隔壁室友的，于是把纸踢到了他那边，结果第二天，那堆纸又回到了我这边。我想这个人怎么这个样子，于是又踢

检查一下自己的眼镜是否准确

了回去。后来纸又被踢了回来，一来二去，这堆纸停在了我们桌子的中间。这段时间，我总觉得这个人太让人讨厌了，两个人之间话也变少了。

直到有一天，我实在受不了了，于是对他说，你看这是不是你的纸，要不收拾一下。结果他也感觉很奇怪，说不是他的。这时后面的室友说是他的，我忽然感觉隔壁的室友不是那么让人讨厌了。

我们都会碰到感觉不太好的人际关系，这时候要列出关系不好的原因，然后看看哪些原因是真的，哪些是自己的主观想法，如果有偏见的话，及时调整。

2. 控制自己的负面情绪

负面情绪的发生，来源于能力不足和信念冲突。比如恐惧、担忧的情绪，就是因为我们关心的事物受到了威胁，而我们无力控制。愤怒、烦躁的情绪，则是因为我们认为事物应该这样，而实际上不是这样。

有一次，我在路上碰到项目经理，他刚刚楼上检查下来，于是就问为什么这件事还没开始，为什么那个活还没干。当时我本来事情就多，心情也不好，而且现场有很多困难和制约条件是项目经理不了解的，可是他说话方式好像全是因为我没有安排到位一样。于是我怒气值不断上升，但是毕竟对方是项目经理，我也不便发作，后来实在忍不住了，于是对他说"我明白了，明天我叫100个人上去干"，然后扭头走了，后来他打了两个电话，我都没接。

这个过程中，我负面情绪产生的原因就是信念冲突。在潜意识里面，我认为项目经理应该了解情况，项目经理应该关心下属，项目经理处理问题应该对事不对人。

如果是现在，我会注意到自己在生气，然后停下来检查自己的信念，告诉自己项目经理很忙，不可能什么都知道，项目经理也是人，他也会犯简单归因的错误。但是项目经理

算了不生气

和自己一样，也在关心工程的进度。调整想法后，我会回想自己的价值观，比如"有则改之，无则加勉"，然后把生气这件事情，和今天项目经理的批评，都转化成重新练习和价值观一致的机会，例如和项目经理好好谈谈实际工作中的困难，争取支持等。

如果你遇到了负面情绪，不要把情绪本身当作问题，要考虑如何解决情绪背后的问题。出现负面情绪时，可以按照停下来——意识到情绪——反思信念——回顾价值观——机会化的步骤来处理。

3. 争取他人信任

信任来源于品格和能力。品格不是要求我们不犯错误，而是让对方明白，即使没有监督，自己也是值得信任的。有一次要硬化场地，没有平整好就浇筑了混凝土，结果超了 $10m^3$ 混凝土，浪费了4000多元钱。本来这件事不说，领导也不会知道，但是第二天我还是

乖乖认错

去和项目经理说了（虽然很想说当时是因为自己品德高尚主动汇报的，但是实际上是觉得万一哪天被知道了后果更加不好才去的）。本以为项目经理会大发雷霆，但是他只说了一句知道了，就让我回去继续工作了。后来他还经常跟别人说我这个人办事情踏实，人品不错。

争取他人信任，也必须让自己的能力符合要求。就像我们不会让身边品格好的同事给我们动手术一样（当然，你要是医务工作者的话要除外）。

争取他人信任，还要看看对方认为值得信任的行为是什么。比如有的领导喜欢掌握每个过程，那就需要多汇报。有的领导只关注结果，每天都汇报的话反倒会让他心烦。

4. 做好角色平衡

很多人都为如何平衡工作和生活而苦恼。实际上，工作和生活是可以平衡的。平衡不是平均。对大多数人来说，工作会占用最多的时间。但是亲人、朋友之间也不要求花很多时间。比如对于家人，不要错过重要的日子，集中时间创造一起的回忆，就比一家人在一起，却各自玩手机好。

不同的年龄段有不同的平衡形式。年轻的时候可以多在外面打拼，年纪大了应该多花点时间陪伴家人。有个针对快逝世的老人的调查说，人生最后悔的事情，排在第一位的是花了太多时间工作，第二位是没有成为自己想成为的样子。

苟利项目生死以
岂因加班避趋之

做好工作和生活平衡的前提，是工作和生活都全情投入。工作的时候全神贯注，不要因为效率低而加班。下班后主动娱乐，发展兴趣，不要一回家就玩手机。

5. 用成长型思维看待他人

柯维博士说，"领导艺术就是明确地告诉人们他们的价值和潜能，并让他们自己能够看到这一点。"有人在工作中不积极，或者犯了错误时，不要一开始就想换个人，要了解他有这种表现的原因，帮助他们。

如果对方和你有竞争关系，那还帮助他吗？我想，如果对方有问题问自己的话，还是应该回答，但是自己应该更加精进，不能止步。因为竞争并不是指要赢过别人，而是在于追求卓越，追求的不仅是打败对方，更是超越自己。

6. 做重要的事情，不要成为急事的奴隶

工地上的工作非常忙碌，走路都是跑的。有一段时间，好几个领导布置了任务，晚上加班也来不及做，只能早上早起做，一连几个星期都是5点多就到了办公室。

有一天早上，我也是很早来到了办公室，结果开门的时候把钥匙扭断了。因为是5点多，找不到修锁的人，只能在门外面等。

天微微亮，没有什么行人，也没有工地上的电话，我终于有了一个小时左右的安安静静的时间。天还有点凉，我来回走着，忽然想到，如果有一天我离开工地了，马上会有一个人来接替我（或者是两个人，因为我总是干着两个人的活）。不久我就会被忘掉，就像我忘记了前几个月离开项目的人的名字一样。工地上这些看起来万分紧急的事情，我不去做，也有别人去做。

我又想到工作这么多年了，虽然每个项目都能结识几个好朋友，但是一分开就不联系了。除了因为压力大，暴饮暴食，体重增加了很多，这几年几乎没有留下其他东西。我没有称得上快乐的回忆，没有亲密关系，没有学到新的技能，如果一辈子就这样，我会多么遗憾啊。

于是从那一天开始，我下定决心，每天安排两个小时的时间做重要不急的事情。上午我会花上半个小时跳绳，半个小时做计划。晚上安排一个小时学东西。经过一段时间后，自己的生活满意度大幅上升了。

为了保证要事第一，必须做计划，保证做重要事情的时间。着急的事情看上去很诱人，完成很快，完成时会有成就感，但是并没有什么用。要保证重

要的事情有时间上的投入。对于别人的要求，不合理的就加以拒绝。内向的人不懂得拒绝，是因为他们觉得会伤害两个人的关系。为了改善自己的工作环境，一是要学习拒绝的方法，按照"明确拒绝+说明原因"的方式拒绝。二是不要太看重关系，好事想不到你，有活就让你干的人不要也罢。

我们还需要做到每天和我们的目标相连接。人有了目标，就有了一股劲，能释放出巨大的力量。但是工地的工作环境往往把忙碌当作生产力，把压力、加班当作美德，这种工作环境很容易让我们变成被急事追逐的奴隶，忘记自己的真正目标。为此，我们要为自己准备一个小仪式，比如每天早上做计划，晚上听一段电子书，以保证自己和目标相连。

7. 从双赢角度处理关系

高中我有一位关系比较好的同学，他经常问我学习上的问题，我都一一解答。到了后来，他的成绩都和我差不多了，可是每次我问他问题，他就都说不知道，然后去做自己的事情了。于是渐渐地我也不给他解答问题了，最后我们两个人都彼此不说话了，毕业了就

一直没有联系过。

我想，当时我们之所以这样，是因为两个人都是从"输—赢"角度看问题。我教给了你解题方法，你就多考几分，你赢了，我输了。如果换作现在的我，我会从双赢的角度看问题，我们之间相互竞争，相互合作，这期间我们两个人的水平都上升了。两个人都考上了更好的大学，以后还能合作。

双赢不是各退一步，也不是我牺牲你获利。双赢是双方都比以前获得更多，怎么样达到双赢，需要动脑子。

双赢的心态，需要勇气和体谅。内向的人往往体谅多，勇气少，因此要多学习一些通用的表达技巧。同时也不要太看重关系了，如果双赢无论如何都达不成，那还有不合作这个选项。

8. 在情感账户里主动存款

没有人相信不浇花的人爱花。对于两个人的关系也是一样，你重视关系，就需要做些什么去维护关系，增进关系。

我要开始存钱了

增进关系，动机要纯。互利互惠是友情的基本原则，如果需要对方帮忙，就直接说出来，不要先嘘寒问暖，最后绕到要帮忙的事情。这样会让对方觉得你的嘘寒问暖都是假的。

要看看什么东西对对方来说能增进关系。不要因为自己是兔子，就用胡萝卜去钓鱼。

9. 选择富足的心态

现实生活中，当朋友取得了比我们更多的成就，或是同期的同事提前一步升职的时候，真的很难从心里替他们高兴。因为从小到大的教育让我们觉得资源是有限的，你赢了就是我输了。其实，应该这样想，朋友的本事大了，自己需要帮助的时候他们能起更大作用，这是好事情。

我们要选择富足的心态，感恩自己已经拥有的，分享已经拥有的。

即使很难转变心态，也应该要求自己从双赢的角度看待关系。同时建设好自己的心态，告诉自己，他行我也行，自己也加倍努力。不要在和他人的比较中产生负面的情绪，增加自己的内耗。

10. 少说，多听

微笑着倾听

有一天，对面的同事在打游戏，忽然来了电话，他一边打游戏一边接电话，可能是非常讨厌这个电话吧，他整个脸都皱成了一团。我想到其实我接电话的时候，本质也是和他一样，我也讨厌工作上的电话，对方的话没说完，我就想着怎么回复他了，有时候也会出现两个人抢着说话的情况。

与人打交道，快就是慢，慢就是快。你多听少说，可以多花时间去理解问题，而对方以为没有被打断，会感受到被尊重。

但是要做到少说多听也不容易，我们总是想快速解决问题，而且现代社会的手机等已经把我们专注于当下的能力削弱了。因此，对于这一技巧要多加练习。听的时候，可以整理，听完了说一句"你的意思是1.****2.****我说得对吗？"这样可以保证对方整理要点，对方也会觉得你在认真倾听。

德川家训
一、人的一生就像负重远行，不可急躁
二、把不自由当做正常的情况，就不会感到不满足
三、心生欲望的话，就应该回忆一下自己穷困的时候
四、忍耐是无事长久的根基
五、把愤怒当做敌人
六、只知道胜利，不知道失败，对自己有害
七、责备自己，不要责备他人
八、不足胜于超过

倾听不代表无条件同意对方的观点。许多问题都是各有各的道理，这就需要跳出来，从长远角度看问题；或是从合同、习惯等入手处理问题。

11. 过犹不及

自己好的性格品质，不要过度发挥，要有个度。比如你是个果断的人，这是好事情，但是不能果断到鲁莽的地步。

好的性格发挥地方也要注意。工作上一丝不苟很好，要是回家也不苟言笑就不好了。

12. 先评估，再信任

交代给对方一件事情前，要先评估风险和对方的人品、能力，再选择是不是信任他。

首先对当前情况进行评估，确定要这个人去干什么。其次，评估潜在的风险。如果失败了，会有什么后果，能否承担这个后果。最后评估对方的可信度。他是否有足够的毅力、能力、经验去完成这件事情。

如果风险很低，对方可信度很高，那么让他放手去做就行。如果风险很高，对方可信度很低，那么就需要慢慢来，先提高对方的能力水平，过程中加强监控。

13. 接受和处理反馈

给别人提意见的时候，应注意从描述客观出发，可以减少对方的敌意。

自己应该真诚地听取反馈，因为提意见的人，一般也是经过心理斗争发出的。

有一次和项目经理打电话，打完了他说"我给你说件事，以后接到电话不要马上说'***，你说。'这样显得你是领导，你让别人说话"。之前我一直以为"***，你说"是尊重别人，让别人先说话的意思。

听到别人指出我们的不足，自己很难开心起来。虽然很难达到古人"闻过则喜"的境界，但是我们还是应该采取谦虚的态度，相信对方是为了自己好才提意见的。

对于收到的意见，要分析评估，择其善者而从之。按照"有则改之，无则加勉"的态度处理。

14. 不要害怕问题，关注引领性指标

矛盾的普遍性表明，问题是无处不在的，解决问题的过程就是事情往前推进的过程。所以遇到问题不要怕，要勇敢地去面对它。

不要过多关注滞后的指标。比如两个人关系变差了，这是滞后的、表现出来的指标，我们不能纠结于现在的关系，应该想着做什么事情可以改变这个结果。

15. 保持谦虚

要真谦虚，不要假谦虚。有的人为了自我满足去谦虚，比如孩子考试成绩很好，却对别的家长说自己孩子考得不行。我们工作上取得了小成就，就该好好庆祝一下。

谦虚不是缺少自尊认为自己不如他人，谦虚不是没有勇气去表达自己的想法。谦虚不是持续的自我贬低。

要谦虚，不要骄傲

谦虚的目的是知道自己的不足，然后拓展自己的能力，不是给自己建一条篱笆。

谦虚是把自己放在"低"的位置，谦虚是海纳百川有容乃大。

谦虚意味着不以自我为中心，做选择的时候从价值观出发，而不是别人的评价出发。因此谦虚的人能坦然面对失败，不会害怕失败。

沟通技巧8

和自己搞好关系

1. 观察自己有没有偏见，及时调整。

2. 控制自己的负面情绪。

3. 争取他人信任。

4. 做好角色平衡。

5. 用成长型思维看待他人。

6. 做重要的事情，不要成为急事的奴隶。

7. 从双赢角度处理关系。

8. 在情感账户里主动存款。

9. 选择富足的心态。

10. 少说，多听。

11. 过犹不及。

12. 先评估，再信任。

13. 接受和处理反馈。

14. 不要害怕问题，关注引领性指标。

15. 保持谦虚。

Q9 怎样和分包单位谈关键问题

所谓关键问题，就是感觉会引起分包单位强烈反应的问题，比如签证转扣、安排清理卫生、安排返工、安排整改、安排加班等话题。

我一开始也不情愿和分包单位谈关键问题。比如转扣的签证，会在自己手上攒很久，因为觉得找分包谈这个很麻烦，估计谈不好还要大吵一架。后来，我总结了一套关键问题对话法，可以帮助展开关键对话。

第一步，先从陈述事实入手

从具体的、客观的事实入手，对方比较好接受。比如要转扣对方，先客观说明发生了什么事情，为什么要安排别的队伍。这个活一共花了多少人工，需要转扣你单位多少，依据是什么。这样客观地陈述事实，自己容易开展，也不容易引发对方强烈的情绪反应。

第二步，说出自己的想法

用疑问的语气问一下是不是自己想的原因，不要直接批评对方。比如你发现最近安全防护质量很差，你可以陈述事实之后，问一下"最近临边防护都赶不上主体进度，差了3层了，是不是你们最近架子工不够啊？"这样的说法，对方不会感觉到在责备自己，情绪不会变得很激动。

第三步，征询对方观点

从对话中找出是能力问题还是动力问题。对于能力问题，要想方设法减轻问题难度，要征询对方意见；对于动力问题，要让对方看得行为的后果。

（1）激发动力法

当分包单位有能力却没有动力做某件事情时，可以通过说明事情后果以及和别的队伍比较来激发动力。例如：

"你这个活要是干不完，其他队伍就要等你，他们的人就没活干了。我们项目经理也会找你们老板，到时候你们老板又要找你。"

"别的单位负责的楼层卫生都清理干净了，只有你们家没有清理了，你们家以前也不比别的队伍差啊。"

（2）简化问题法

当事情比较烦琐，或是超出分包能力范围时，要想方设法减轻问题的强度。例如，搭设脚手架时，经常会出现缺失拉结点的现象。一个个检查拉结点太麻烦了，所以分包单位不愿意做。我的解决方法是裁出来一个个塑料卡片，让搭设脚手架的人把卡片放在拉结点最外面，这样从楼下一看就能发现哪个地方少了拉结点。

要注意分包能力不足时，自己不要想当然地提供帮助。比如疫情期间，经常需要分包单位填表。有的分包管理人员不会操作计算机，于是我帮助他输入数据，结果这事非常费时间，每天都要花上几小时。现在看来，正确的方法是让他找一个年轻人，我教一下他，以后都让那个年轻人输数据。

分包单位提出问题时，自己要抑制住提建议的冲动，应该问"你对情况比较了解，你觉得应该怎么做"。因为只有对于自己提出的点子，自己才会上心。有一次，园林修路影响抹灰单位进沙子了，他们问怎么办。我接着问他怎么办，他提出了围挡开个新门的建议，这个建议就很好。

谈话过程中，要注意观察对方的情绪。如果对方变得情绪激动或是沉默不语，可以使用对比法改善气氛。比如："我不是针对你个人，我只是公事公办""我不是要批评你，我知道你很尽力了，我只是想看看能不能有其他方法"。

关键对话方法，我制作了一个对话清单放在下一页，读者可以参考使用。

 沟通技巧9

开展关键对话

从陈述事实入手开始对话，说出自己的想法，征询对方的意见。谈话过程中要观察对话气氛，当对方沉默不语或是情绪激动时，可使用对比法把安全气氛带回来。

关键对话清单

准备区	我的想法			
	对方想法			
	成功标准			
	第三选择			
行动区	陈述事实		监控区	观察对话气氛： 我或对方是否沉默或暴力回应？ 对话偏离目的了吗？
	说出想法			
	征询观点			营造安全感： 是否有共同目的、相互尊重？ 技巧：必要时道歉；对比法；创造共同目的
	试探表达			
	鼓励尝试			
记录区				

1.2 沟通的展开

Q10 怎样做好对分包单位的平时管理

1. 三步法

问题的性质随着重复次数的变化而变化。第一次出现问题可能是无心之失，第二次就是个人行为问题了，第三次不改，则是不把管理人员当回事。

在工地上，对于第一次碰到的问题，口头或私信和对方说。第二次碰到相同的问题，可以发到群里。第三次还没改的，发工作联系单，告诉对方下次就是罚款单了。如果还能碰到这种问题，那就发罚款单。

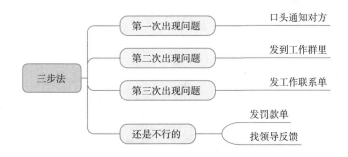

第一次口头说明，给了对方面子。第二次发到群里，也是让领导知道自己在管理。有的施工员喜欢自己建一个小群，这样不好，领导都不知道自己一天干了什么。要是建小群的话，也要把领导拉进去。不要怕领导看到问题，领导也是基层上来的，知道工地的实际情况。

第三次发工作联系单，是为了留下管理的痕迹。而最后的罚款单是分包单位非常不愿意收到的。施工员不喜欢发纸质的东西，觉得"伤感情"，但是这些纸质的东西是非常有用的。要求对方整改和最后结算时都是有利的资料。同时领导也喜欢有管理痕迹的人。

通常这个三步法都很有效，如果罚款单也没有用，那就直接找领导汇报反馈，寻求领导的支持。

2. 只有自己对分包单位有高要求时

有的分包单位会以"别的工地都是这样的""整个工地就你要求严，别的施工员都不这样要求"为由拒绝整改。对于这种说法，我们不能说别的施工员不行，而应该这样回答：

"别的工地/楼我不管，也管不了，但是在我负责的工地，应该……"

3. 调查原因法

分包单位一再出现问题时，我们很容易非常生气。生气的原因是觉得对方是个自私自利、不可理喻的人，但是实际上干工程的人大部分都不是这样的人。我们首先应该把对方当作一个好人来看，分析他不能履行承诺的原因。比如是不是他能力跟不上，是不是他老板给他下指令了，是不是他最近家里事情比较多，等等。

4.不合适的说话方式

（1）推卸责任　如"这不是我这么要求你，是领导要求的"，这样把责任推给了领导。时间久了，分包单位也会把你当成传话筒和胆小怕事的人。

（2）在群里吵　解决关键问题尽量私下谈话，在工作群里谈的话，人人都好面子，对方不会有安全感，会觉得你在羞辱他。

（3）对人不对事　粗暴地对待对方，吵到问候对方老母亲的程度。

（4）差别对待　对"听话的"队伍要求高，对"不听话的"队伍不要求，长久下去，所有队伍都会不服从管理。

 沟通技巧10

> **平时管理三步法**
>
> 第一次出现问题，口头通知对方整改；第二次发到群里；第三次发工作联系单。还是不行的话，发罚款单、向领导反馈。

Q11 怎样应对愤怒的分包

在现场遇到分包管理人员情绪非常激动，怒气冲冲的时候，应该回避，保证自身安全，同时自己不要跟着变得愤怒。

人被愤怒情绪占领的时候，基本和动物一样不会思考，为了避免刺激对方，导致对方进一步过激的行为，同时保护自己的安全，要躲得远远的，等对方平静后再交流。

阿拉伯有句谚语"人不能愤怒，因为一愤怒就会使出全力，对方就会发现你没有什么本事"，日本的德川家训有一条是"视怒为敌人"。这些都说明愤怒是没有什么作用的，而且危害很大。

人为什么愤怒呢？因为信念理念有了冲突。比如我们认为分包单位应该配合总包单位的工作，分包管理人员应该尊重总包管理人员，当他们对着自己大吼大叫的时候，对方的行为和自己的信念发生了冲突，我们自己就会跟着激动起来。如果我们心里想着对方是个普通人，人都有情绪，心里就会平衡一点。

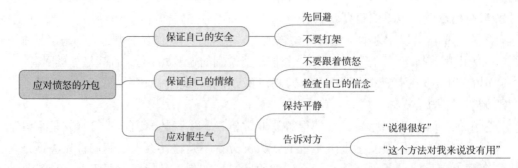

我曾经和一个工头吵过架，当时觉得那个人坏透了。后来过了几天才知道，这个工头

由于常年在外工作，家里老婆和人跑了，他也是最近刚刚知道。于是我对他的态度由厌恶变成同情了。以后在工作中遇到情绪非常激动的人，自己跟着快控制不住时，我都会想到这个工头，心里马上平静多了。

千万不要动手，一动手，往往是自己吃亏，因为对方的人总是更多。另外，和别人打架，也把自己的身份降低了。

总之，遇到对方情绪激动、愤怒的情况，不要被他的情绪带着走，不要去和他吵架，要保证自己的安全，先撤退，等对方平静了再交流。

要注意有的分包管理人员会把提高音量、装作生气的样子当作和总包管理人员讨价还价的手段。遇到这种人，尤其要注意自己的情绪不要被带偏了。可以深呼吸，然后告诉对方"你吵吵的手段对别人可能有用，对我没用，你再这个样子我就走了"。或者是静静等待对方说完，来一句"吵得不错啊"，对方的嚣张气焰一般也就下去了。

怎样区分对方是真愤怒还是装愤怒呢？就要看看他愤怒的频率，一般的人都是偶尔愤怒，把愤怒当手段的人则经常表现愤怒的样子，并且不止针对你，对所有有所求的人都表现愤怒的样子。

宝宝不开心

有的分包会假装生气
以达到自己的目的

沟通技巧11

应对愤怒的分包

先保证自己的安全，等对方平静了再和他沟通。愤怒状态的人是什么都听不进去的。要保持自己心平气和，不要跟着对方的节奏走。

Q12 怎样应对强势的分包——利用准则法

找到对方觉得公平合理的准则，从对方的准则出发，一步步达到自己的目的，这是一种非常有效的沟通技巧。

对于分包来说，合同是非常强大的准则。项目后期有几个设备基础没有做，刚开始找到结构主体队伍的时候，他们态度非常强硬，坚决不做。理由是别的项目都是二次结构做，他们只做结构图上的东西，而设备基础是建筑图上的。为了这个问题，我和他们的管理人员沟通了好几次，也没什么进展。后来我查询合同，里面写着结构主体队伍工作内容明确包括设备基础。我把合同给他们一看，他们立刻行动起来了。施工员应该熟悉合同，特别是分包的工作内容范围，拿着合同和分包沟通的效果非常好。

我们利用的准则，应该是分包的准则，而不是客观的准则。比如对分包说他们没有达到规范的要求，有的分包会回一句"不要都信书上的，要依靠实践，都按规范来，活还能不能干了"。这当然是歪理，这时候我们不应该想着用规范这种客观的准则来劝说对方，因为这不是他们自己的准则；我们应该采用其他方法，比如利用监理、领导等第三方力量，或是发工作联系单、罚款单等。

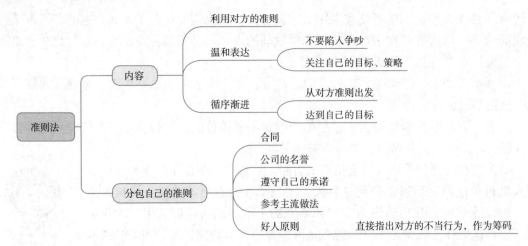

对于结构主体队伍等大的分包来说，维护他们公司的名誉也是他们觉得重要的准则。"你们**公司不是质量非常好么，怎么这里***"这样的句式对他们有效。但是，现场一些不稳定的小队伍往往不吃这一套。

维护自己的言行一致是分包的准则。有一次某个分包答应来维修，结果还是没来。我给他打电话，对方连忙说下次一定。于是我拿出本子，告诉他几号几号他答应过来，结果没来，连着说了几个日期，对方听完非常不好意思，当天下午就派人去维修了。分包答应做什么事情的时候，要记下日期，下次碰到他没有完成，就可以拿具体日期给他看，这样对方往往得去努力想办法保持自己言行一致。

别的队伍都没问题，就你们家特殊？

子曰："不患寡而患不均"，分包都有从众的心理。"**都干了，你们为什么不能配合？""大家都干完了，就差你们家了""别的队伍都没有问题，就你们家特殊？"之类的对比式的语句往往很有说服力。

总之，分包队伍的管理人员都希望自己是个言行一致的好人。所以，下次他们有不当行为的时候，别着急生气，要把他们的不当行为当作争取更多的筹码，用他们自己的准则去约束他们。

☰ 沟通技巧12

利用分包的准则

找到分包单位自己的准则，用准则约束他们自己。要注意表达方式，不要和分包吵架，吵架只会拉低自己的地位。

Q13 怎样获得分包的信任——倾听法

很多书都强调倾听的重要性。倾听分包，的确能让分包感受到被尊重，增进和分包之间的关系。但是工作中涉及利益冲突的对话，该如何保持倾听呢？我们似乎只有倾听后了解分包情况，自己让步；或是倾听后，接着强调自己的观点，最后互相让步两个选项。要解决这个问题，需要升级倾听的能力。

要克制快速解决问题的冲动，倾听的目的只是为了听懂，而不是回答。在对话中我们要练习倾听，克制自己提意见或是解决方案的冲动。即使自己有很好的解决方案，也要和分包一起找到。一方面是因为分包对情况最熟悉，另外一方面，只有自己想到的点子分包自己才会上心。对于这一技巧要多加练习，听的时候，可以整理，听完了说一句"你的意思是1.****2.**** 我说得对吗？"这样可以保证抓住要点，分包也会觉得你在认真倾听。

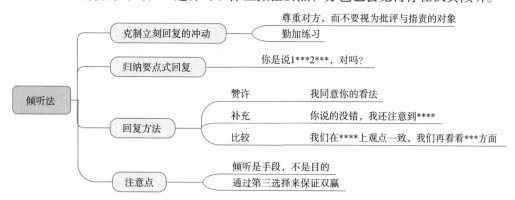

克制弄清谁对谁错的冲动。牢记自己的目标，是为了争取更多，而不是搞清楚谁对谁错。观点不一致时，可以按照赞许—补充—比较的方式进行。和分包观点大体一致的情况下，就明确表示出来，细节上再继续沟通。"我同意你的看法"，然后从这些看法出发讨论。

分包有遗漏的，不要说"你错了，你没有提到****"而应说"你说的没错，我还注意到****"。

不同意分包观点时，不要说分包观点是错误的，而应该把双方的观点拿出来客观比较，避免情绪化。

通过寻找第三方案来解决问题，不要靠自己的让步和牺牲。倾听分包，不代表一定要赞同分包的想法。

 沟通技巧13

归纳要点式的倾听

把对方说的话归纳成要点，请对方确认。对方能感觉到你在用心倾听，会觉得你尊重他。对照要点谈问题，也能提高沟通的效率。

Q14 怎样和分包单位做交易——不等价交换法

有一次，我带着小挖掘机去干活，路上碰到保温队伍的管理人员。他们请我用小挖掘机把楼周围的垃圾打堆，这样他们可以方便拉走。我正好别的地方缺一些砂浆，于是我问对方能不能提供20包保温砂浆，对方很爽快地答应了。

这一交易，双方都获得了收益。对于我来说，小挖掘机干这个活需要 30 分钟，不到 80 元，而换得的砂浆大约 400 多元。而且砂浆用量很少，找物资部门也不一定能进来。

对于分包队伍来说，他们的材料用量很大，20 包砂浆不过九牛一毛。但是如果出人工的话，因为他们的工人日单价都是 300 多元，使用人工清理的费用比 20 包砂浆贵多了，所以他们也乐意用砂浆换机械。

找到对一方而言很重要，对另外一方而言不重要的东西，然后利用这些东西进行交易，这就是不等价交换法。

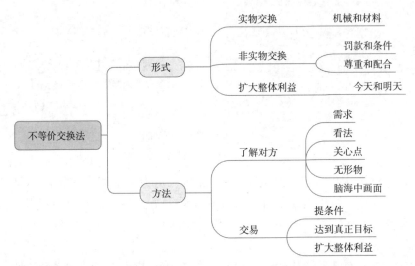

项目安全总监许总是一位使用不等价交易法的高手。每次分包单位有资料没有及时交上来，许总就要对分包单位罚款。分包单位苦苦求情，许总就说款先不罚了，你们把现场**事情给我办了。对于许总来说，分包把现场安全搞好比按时交资料更重要；对于分包来说，不罚款比出人整改防护更重要。双方都觉得从交易中获益了。

不等价交换的对象，除了实物和条件，还有人的需求。有一次我和一个分包管理人员聊天，了解到对方正在准备报名二级建造师考试。于是第二天我把自己的二级建造师教材给了他，还给他发了视频学习网站的地址。我们两人的关系马上升级了，他对我的称呼从"章工"变成了"我的大琛哥"，两个人合作也变得非常愉快了。

分包管理人员和我们一样，在工地工作，缺乏他人的关心、尊重，所有管理人员都是被当作解决问题的螺丝钉，而不是有独立人格的个体。自己可以多花点时间了解他们的生活、家人，解决力所能及的问题，从而为争取更多打下基础。

收到关心的我

不等价交易法还有一种形式，就是想方设法扩大双方整体利益。有一次，一个零工队伍找我，说以后签人工每天要加上一个管理人员的费用。于是我和他说，管理人员费用不能加，合同上没有。你看这样行不行，以后还有活的话，我优先找你们家。这样的条件对方无法拒绝，我则避免了额外的费用。

下一次分包对你提要求时，不要觉得麻烦或是不合理，而是要把它当作机会，做不等价交易的机会。分包没有达到自己的要求时，不要生气，这也是做交易的好机会。

沟通技巧14

> **不等价交换法**
>
> 分包对你提要求时，你可以附上条件；了解分包管理人员的需求，提供尊重、理解等附加物；问问分包怎么可以提高双方的共同利益，目光放长远一点。

Q15 怎样给分包单位安排工作

安排工作要做到定人、定事、定时间和定检查方式，这四者缺一不可。许多时候事情安排了却没有按预期完成，就是因为安排工作的时候没有包含所有因素。

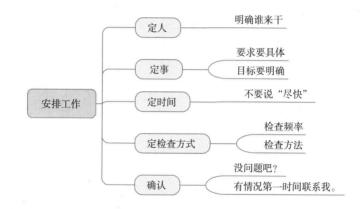

1. 定人

要明确是谁来完成工作，尽量不用"我们""大家"等模糊性词语。比如开会的时候说"大家回去把现场的垃圾都收拾一下"，基本上第二天不会有人行动。"我们要负责"等于"没人要负责"。因此，安排工作必须明确谁来干。"保温单位明天把楼周边的垃圾收拾完，二次结构单位把施工电梯口的垃圾收拾掉"这种安排方式就比较好。

2. 定事

生产例会上，很多管理人员会说"大家要注意安全""大家回去要把现场收拾好，准备迎接领导检查"等话。这些话基本没什么效果，分包单位出了会议室就忘记了。注意安全的确很重要，但是我们更应该说明做什么事情去搞好安全。"最近阳台防护少了很多，这是个安全隐患，明天保温单位把所有的阳台防护恢复一下"这样的交代就比"大家注意安全"要有效果。

交代事情的时候，不要想当然以为对方知道什么意思，要描述清楚具体要求。例如交代对方去把楼层打扫干净。看上去这个任务很简单，结果有的队伍没有打扫管井，有的队伍打扫完地上厚厚的一层灰，有的队伍扫楼梯分不清哪段楼梯是自己的。这些问题如果交代的时候，把范围、标准都说清楚的话，大部分都可避免。

3. 定时间

时间可以精确量化，所以布置任务的时候要明确时间，不要含糊。不要用"大家尽

快""大家抓紧"等不明确的指令。"尽快""抓紧"是一句空话，许多人都是按照做完也行、不做也行去理解的，因为不知道什么时间是"尽快"。

还有一种不明确的表达方式："下周之前完成"。首先，是这下周开始之前还是下周结束之前不明确。其次，如果指下周结束之前的话，下周的哪一天完成也不明确，最后往往是拖到下周末，大家都忘记了。

4. 定检查方式

许多人安排工作，都是布置之后就不管了。然后快到截止日期的时候过去一看，发现好多不尽人意的地方，于是批评对方，最后双方都精疲力竭地加班赶任务。如果过程中有检查的话，就能避免这种情况。

有人觉得检查对方，说明对对方不信任，这样做会损害双方的关系。其实，不去检查才会损害关系。你不去检查，对方感受不到任务的重要性，会觉得你根本不重视。而且因为不检查导致最后出现问题，对方要返工或者加班时，对你更加抱怨。

结果＝没结果+理由

因此，交代任务的时候要定好什么时候什么人去检查。检查的频率要根据任务的重要程度和对方的可信任度确定。和对方一起提前商量好检查方式，对方不会觉得你不信任他，反而会努力把工作做好，迎接你的检查。

做好了定人、定事、定时间和定检查方式，交代工作的最后，还要加上两句话。

第一句"没问题吧，你感觉还有什么阻碍吗？"如果对方回答模棱两可，一定要跟进分析，看看属于能力问题还是动力问题，接着和他们一起找解决方法，给他们清除障碍，直到对方回答"好的，没问题"。

第二句"有问题第一时间和我说"这样避免分包单位碰到问题不反映，最后不能完成任务，把责任都推脱出去。

 沟通技巧15

> **明确期望**
> 交代任务时，要定人、定事情、定时间、定检查方式。交代完任务后要确认对方收到了，没有问题了。

Q16 怎样应对分包单位"扯皮"

分包单位的"扯皮"大体可以分为进度方面的扯皮和质量方面的扯皮。

进度方面的扯皮，是分包单位由于自身能力不足无法完成施工任务，于是从外界找借口，而且往往一次说一个借口，目的是拖延下去。曾经有个二次结构分包，砌筑进度非常慢。第一次开会的时候他们管理人员提出搅拌机附近没有水，我们给他专门加了一个水管。水的问题解决以后，他又说构造柱混凝土一次要的方量太少，搅拌站不给发，影响进度，于是我们又去协调混凝土的事情。混凝土解决后，他又说施工电梯太忙，不给他用。

这样拖了一个多月，耽误了进度。

应对这类扯皮，要注意从根本上解决问题。对方人手不足，可以联系他们老板加人，或是请示领导增加其他队伍。自己平时要做好进度检查工作，不可跟着他们扯皮的思路走，一次解决一个问题，最后把工期拖延了。当给他们布置任务或是解决一个问题之后，有两个句式可以使用。一是"有问题立刻联系我"，二是"除了这个问题，还有其他要考虑到的吗？解决完这个问题之后，你们马上能完成进度吗？"这两个疑问句可以防止他们又找新的理由拖延下去。

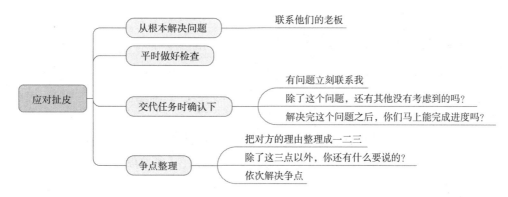

当工程出现质量问题时，分包单位不愿意承担维修费用，容易通过找外部原因，如天气、其他单位、总包管理等方面来扯皮。他们会先提观点 A，再提观点 B、观点 C，最后又绕回观点 A，希望通过扯来扯去回避责任。

有个工程交工后出现外墙涂料脱落问题，我联系了那家外墙分包。该分包首先说这部分工程是抢工队干的，和自己无关，接着又说外墙材料是甲供的，是涂料质量问题，然后又说是项目部指挥原因，冬天还让他们抢工。总之，打了好多次电话，每次都是一堆理由绕来绕去。

应对这类扯皮，要做好争点整理工作。听的时候不要着急回答，而是先记录，把对方的理由整理成一二三。对方说完之后再发问，"除了这三点以外，你还有什么要说的？"这样实质上等于告诉他不要再重复了。然后一个点一个点进行说明。看现场能解决的，一起看现场解决；还有争议的，按照有合同的依合同，合同没写的依习惯，没有习惯的依道理的思路分配责任。

实际工作中遇到两家分包之间就质量问题扯皮的，可以找一张纸，左边写第一家的要点，右边写第二家的要点，然后对比着整理。比如甲单位的观点是 A、B、C，乙单位是 B、C、D，那么观点 A 往往是对乙单位不利的，观点 D 往往是对甲单位不利的，给他们整理之后，经常他们自己就和解了。

争点整理的过程中要避免自己情绪化，分包单位的目的是拖延质量问题的维修。如果我们抱着"这种质量问题完全是对方的责任，对方这么推脱，人品真是有问题"的想法去交流，最后和分包吵起来，就正好如分包单位所愿了。

另外，应对质量的扯皮，除了做好争点整理，还需要激发对方的动力。要告诉对方不履行责任的后果。质量责任很明确，对方还在扯皮的，留好证据，给对方公司发文，告诉他们一定时间内不维修的话，我司将安排第三方维修，费用转扣。这样的工作联系单比打电话来回扯有用多了。

沟通技巧16

争点整理法

把对方的理由整理成一二三四。对方说完之后再发问，"除了这几点以外，你还有什么要说的？"这样实质上等于告诉他不要再重复扯皮了，然后一个点一个点进行解决。

Q17 怎样分配楼层清理垃圾

在装饰装修阶段，各家队伍施工垃圾混在一起，不好安排各自清理自己的垃圾。一般采用的方法是将整个楼按楼层划分，分配给各家队伍清理。这样的清理在交工前一般要来上四五次。

劳务队伍都把清理垃圾当成份外的事情，因此积极性肯定不高。而且垃圾混在一起，每层比例都不一样，不好精确确定每家垃圾的多少，还有好多垃圾分不出来是哪家的。每次划分楼层，各队伍都说自己的分多了。为了争取各队伍配合，有以下建议。

1. 要单独找每家队伍看现场，不要统一找，要利用锚定效应

在第一个项目划分垃圾时，我先走了几个楼层，确定有垃圾的队伍，然后心中大致有了比例。接着找垃圾最多的单位，带他看现场，提出他要清理多少层。这个数量要比心中预期他应该清理的楼层多上几层。

对方马上说太多了。于是我就指出哪些垃圾是他们的，问他们家是不是很多垃圾。接着听对方抱怨一番，最后自己表现出很为难的样子，说那你们家减掉几层吧。对方一般马上就答应了。这时候自己还要抱怨一下，说别的队伍又要找自己了，这些多出来的楼层都不知道怎么分配了。让对方觉得自己赚了。接着再去找第二家队伍划分楼层。这样做就会比较顺利。

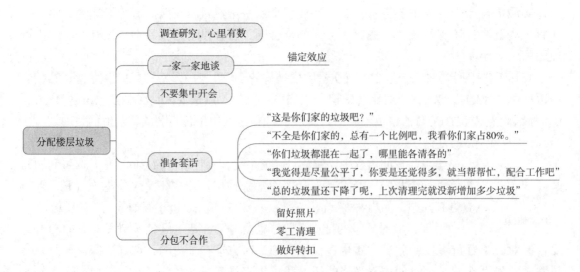

在第二个项目划分垃圾时，我试了试把有垃圾的队伍都叫到一起看现场。当时的想法

28

是各家都到现场了，肯定能确定一个比例。但实际上，看了几个楼层，各家都定不下比例，因为垃圾比例真的不好精确确定。最后我提出了一个比例，结果每家都说自己的楼层多了。这次划分楼层效果不太好。

因此，划分楼层时，要一家一家找，不要把大家都叫到一起。这背后是有心理学原理支持的，这就是锚定效应。我先提出对方清理 20 层，对方虽然不同意，但是心理上已经把 20 层当成一个参考点了。最后谈成了 15 层，对方心里会觉得自己赚了 5 层。如果一开始就说 15 层，一点调节空间也没有，对方最后勉强接受了，双方都不高兴。

如果把大家都叫出来，提出一个比例。这样调整的时候，要增加楼层的队伍肯定觉得自己又亏了，他们体会到的是很强烈的损失感。因此很难调整，最后大家都觉得自己"亏了"。

2. 准备好回答对方套路的说法

一些有经验的分包队伍管理人员，应对总包单位分配清理垃圾，往往有一套说法，我们总包管理人员要准备好应对策略。

套路一："我们家没有垃圾"。应对方法：带他们看现场，指出哪些是他们家的垃圾。

套路二："这不全是我们家的，我们家就一点点，你让别的队伍带一下就行了"。应对方法："不全是你们家的，总有一个比例吧，我看你们家占 80%"。这个比例要比实际大一点，这样双方就进入到比例多少的谈判中了。

套路三："我们家的垃圾自己清理，不要分给我们楼层了"。这种情况要具体分析，对方的垃圾如果很少，很好区分，可以同意。如果和别家的垃圾混在一起了，就可以回复他："你们垃圾都混在一起了，哪里能各清各的"。

套路四："你划分的不公平，我们家多了"。回复："没有完全公平，只有大致公平"，然后说："我觉得是尽量公平了，你要是还觉得多，就当帮帮忙，配合工作吧"，给对方一个情感上的补偿。

套路五："上次我们清理了 6 层，怎么这次还多了"。回复："总的垃圾量还下降了呢，上次清理完就没新增加多少垃圾"。

3. 准备好不配合的情况

有队伍实在不配合的，留好照片，安排其他队伍清理，将过程照片发给他们，及时办理转扣签证。

4. 给清理队伍交底

清理范围交代好，不要漏了管井、楼梯等部位。楼梯从哪里开始算说好。清理标准交代好，如灰尘是不是可以留等。

过程中要去检查监督。有的队伍找劳务市场的人过来清理，尽量让他们一次清理到位，不要让他们找两次人。

5. 调整好自己的心态

结算的时候，垃圾有关的费用都能扣掉。所以不要担心费用的事情。按照自己觉得合理的比例分配。不配合的队伍安排其他队伍清理，过程留好资料，及时办理签证就行。划分楼层，只能做到相对公平，没有绝对公平。我们定的比例是合理的，要光明正大地要求

分包队伍清理指定楼层的垃圾。

　　各家队伍都把清理卫生当成花钱又没有收益的事情，是损失，和丢钱差不多。而人是极端厌恶损失的。因此，有队伍不配合是情理之中的事情。不要影响自己心情。转扣的时候，可以和队伍这样说"我们都是公对公，办公事，完全和你个人无关。这次清理垃圾一共花了 10 个人工"，按照陈述事实的口气叙述。

 沟通技巧17

> ### 分配楼层垃圾
>
> 　　先调查研究，做到自己心里有数。然后一家一家地谈，利用锚定效应。准备好应对分包的套话。光明正大地安排清理垃圾。分包不配合的话，就安排别的队伍清理，留好照片转扣。

Q18 怎样划分相关方责任

1. 相关案例

　　工程施工中，经常遇到需要划分相关方责任的情况，例如下面四个案例：

　　【案例1】车库入口处，保温单位完成了车库入口墙体的保温涂料施工。雨棚单位进场后，在雨棚钢结构位置割掉了保温板，安装钢梁、钢柱。安装完成后的钢结构周围需要重新收口。保温单位认为应该另外记取费用，理由是保温都做好了，是雨棚单位后开的。类比室内装修中，抹灰完成后，安装再开槽的，都是安装单位自己堵。雨棚单位认为不是自己的责任，他们是接到通知按图施工。

　　【案例2】快交工时，安装单位提出，卫生间管道上的保护膜应该由抹灰队伍来清理。理由是保护膜上面都是抹灰垃圾，谁的垃圾谁来清理。抹灰单位则认为保护膜是保护管子的，是安装单位自己贴的，应该安装单位来清理。安装单位接着说本来保护膜也应该抹灰单位来贴，他们应该做成品保护。

　　【案例3】屋面工程施工完后，发现有一处主体单位没有按图施工。于是进行了结构拆改，需要防水队伍重新施工防水层。防水单位要求办理签证，理由是二次施工。

主体队伍不同意转扣，理由是防水单位也应该看图样，不能看见别人掉沟里了自己也跟着掉沟里。

　　【案例4】保温单位将保温板接到了墙底。后来发现图样上室外完成标高以上半米有防水卷材上翻的要求。需要拆掉保温板，施工防水卷材，然后恢复保温板。保温单位向项目部索赔费用，理由是防水单位没有及时做防水，项目部在保温单位接地的时候也没有提醒。防水单位不同意转扣，理由是项目部没有通知做防水。

实际施工中，我们经常碰到这类相关方说的都有一定道理的问题，那么应该如何划分相关方责任呢？

2. 传统划分责任办法

传统划分责任一般是各打五十大板的办法，各相关方平均分配责任。如【案例四】中，保温单位没有看图样，自行施工，有责任；项目部没有管理到位，有责任；防水单位没有及时做防水，有责任。那么保温拆除和恢复的费用就应由项目部、保温单位、防水单位各自承担 1/3 就好了。

这种方法的优点是简单，缺点是太简单了。孔子说"不患寡而患不均"，平均分配责任，的确大家都好接受一些。但是这种方法不能频繁用，平均不等于公平，工地上需要判定责任的问题很多，如果每次都是平均分配责任，项目部就会失去威信。各队伍也不会那么负责了，因为他们觉得出了问题反正项目部会找人一起承担。

我们需要一种客观性比较强的方法。这种方法能让各相关方都能对责任划分结果承认和理解，都觉得公平。编者在实践中，总结了一套划分责任的三步法，分享如下。

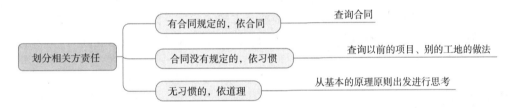

3. 划分责任三步法

有合同规定的，依合同；合同没有规定的，依习惯；无习惯的，依道理。这是编者总结的划分责任三步法，进一步说明如下。

（1）有合同规定的，依合同　遇到争议问题时，先查看合同中有无规定。自己工地上遇到的问题，以前的工程施工中很有可能也碰到过。施工合同中的专用条款，就是总结以前施工经验得到的。另外，以施工合同为依据分配责任，各方都会觉得公平，能够接受。

我们看【案例1】，争点在于雨棚施工导致墙体恢复的费用谁来承担。我们查询双方合同，可以在保温单位合同中找到有关的条款：

"（10）爬梯、雨棚施工、排水立管卡扣、避雷固定支架等必要工作导致的墙面保温恢复工作，不单独计取费用，包含在综合单价中。"

因此，可以以此为依据，要求保温单位恢复墙体。

查询合同是使用范围最广、效力最大的责任划分办法，但是现场管理人员很少使用。建议商务部门做好合同交底，现场管理人员主动学习合同。

（2）合同没有规定的，依习惯　【案例2】中，被抹灰污染的保护膜谁来清理，合同中找不到具体的依据，这时候需要看看以前类似工程的习惯做法。一般住宅项目中，厨卫间管道上的保护膜在交工前都是安装单位自己撕掉。因此可以要求本项目安装单位来清理保护膜。

因为土建工程施工工艺都是很成熟的，所以自己项目遇到的问题，很大一部分前面项目都发生过。参考前面项目的做法，各相关方也都能接受。

（3）无习惯的，依道理　既找不到合同约定，又没有先例的，就需要从基本的原理原则出发进行思考。

对于【案例3】和【案例4】，他们的核心问题是前一工序和后一工序之间的关系。前后关系的原则是：

"前一工序施工完成后，方可开始下一工序。"

"上一道工序错误明显，能发现却没有发现的，前后工序都有责任。"

"上一道工序错误不明显，下一道工序无法发现的，应由上一道工序负全责。"

这三条原则，各相关方一般都能接

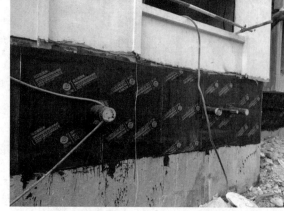
外墙防水上翻高度不够，重新补卷材

受。以此来考察【案例3】，主体单位结构做错了，防水单位是很难发现的，所以责任是主体单位。对于【案例4】，保温单位没有等前一工序完成就开始自己的工序，而且对于一个有经验的保温负责人，应该知道外墙防水要上返后才能做保温板接底。因此，【案例4】中应由保温单位负责。

 沟通技巧18

> **划分相关方责任**
>
> 由于矛盾的普遍性，工地上经常出现各种问题，需要现场管理人员分配整改的责任。分配责任，有合同规定的，依合同；合同没有规定的，依习惯；无习惯的，依道理。

Q19 怎样处理接不完的电话

施工员几乎一天到晚都在接电话，有时一天几百个都不在话下。

很多施工员都是一接电话就烦。还有施工员表示"接怕了"，没有电话的时候，他们老是担心来电话，心惊胆战的，放松不下来。接电话的时候，就是一副愁眉苦脸的样子，因为又有活要干了。

那施工员应该怎么样调整自己呢？以下是一些建议。

（1）调整作息，和分包单位一致　休息时被电话吵醒是非常让人烦的事情。一般早上5点到7点，是分包单位开始上班的时候，这一段时间容易出问题，打过来的电话会比较多。如果每天7点起床，7点前就会经常被吵醒，长此以往形成反射，电话变成让人心烦的东西了，因此要五六点起床。中午午睡也不要太久，和分包一样睡半个小时就够了，不然午睡的时候又会被吵醒。轮休的时候就不要想着玩，白天可以扫扫地，做做资料，等电话，晚上再去看个电影。

（2）调整心态　告诉自己接电话就是施工员的工作中的一项，因此要用平和的心态接电话。想一想有的客服一天到晚都接电话呢。接了电话，意味着有问题要解决。告诉自己解决问题也是施工员的工作。矛盾具有普遍性，我们不要怕问题。

（3）练习用心倾听　一般接电话的时候，总是希望早点结束，自己脑子里面都是在想着如何回复对方。可以把来电话当成练习倾听的机会，练习同理心，将自己放在对方角度考虑问题，用心倾听的时候，反而觉得时间过得很快。因为人思考的速度是说话速度的6倍左右，所以实在听不下去的话，可以练习把对方的话翻译成英语，或是想象对方说的画面，或是记笔记。

（4）提前想好再打电话　己所不欲勿施于人，我们不急的情况尽量发微信。着急的情况需要打电话时，应提前想好要问什么，不要打完一个电话，想起什么事情还没问，又打一个，对方也烦。当然也有觉得打电话比较正规的喜欢接电话的人，这种人就可以多给他打电话。

（5）应对电话的2分钟原则　对方打电话提的问题，2分钟内能解决的，就马上去做；2分钟解决不了的，就记在本子上，找其他时间做。

（6）换一个有趣的铃声　比如换一个猪八戒娶媳妇的手机铃声，这样一来电听到铃声也许能让心情好一点。

（7）战略上"藐视"自己的工作　告诉自己，公司不会因为你没接一个电话而倒闭，项目也不会因为你漏接了一个电话而出问题。电话里的事情其实也没那么重要或是非常急的。用平和的心态面对工作，面对电话。

沟通技巧19

有准备地接电话

调整作息和分包单位一致，把接电话当作自己的天职，用平和的心态接电话。接电话的时候多倾听，不要想着快速回复。对方的问题2分钟能解决的马上解决，2分钟内解决不了的记笔记。自己给别人打电话的时候，最好提前准备一个单子，先把要问的问题列齐了。

Q20 怎样和领导汇报工作

平时和领导对接最多的，就是汇报工作了，汇报工作有哪些要点呢？

1）汇报的时候对事不对人，不要提别人的品格问题。不要背后说人坏话，领导对每个人怎么样其实都心里有数。

2）用数据说话，不要"我觉得""应该是""大概""可能""也许吧"。用"经过调查……""今天按计划应该完成……，实际完成……，要跟上进度的话，需要加……人"的格式汇报。我经常看见有人在工作群里发"应该没问题"，这到底是有问题还是没问题，搞不清楚，大概是不出问题就是没问题，出了问题就是有问题，总之意义不明。

领导在现场指导

3）反馈问题的时候，准备两个以上的解决方案。虽说领导是解决问题的，但是他解决问题的方式多是寻求外部资源支持，对需要增加多少资源等方案细节不可能很清楚；而且自己也不能满足于只当一个传话筒，所以汇报问题的时候就该准备好两个以上的方案，让领导做选择题，而不是只把问题抛给领导，让领导做应用题。曾经我和领导汇报某个工作滞后了，需要加人。领导问我需要加几个人，当时心里就没有准备方案，只好回去调查以后又汇报了一次。

4）心里打个草稿，列出1、2、3和重点。汇报工作要有条理、有逻辑。对问题的分析，要做到横向全面，纵向连续。

5）了解领导要求，确定汇报频率。有的领导喜欢全面掌控，汇报少了他以为你工作不负责任；有的领导觉得掌控大局就行，汇报多了他觉得你没有主见，事事都要请示。所以要具体领导具体分析，合理确定汇报频率。但是一般项目刚刚开始、进行到一半了、出现重大问题、马上完成的时候都应该汇报一下。

汇报模板：

①开场："领导，能占用您……分钟时间吗？我想汇报一下……事"，说明这次汇报要花的时间，要讨论的事情，让领导有准备。

②中间："经过调查，1、……2、……3、……，其中重点是……我准备了两个解决方案……"，过程中要用数据做支持。

③结尾："这是我一点不成熟的建议，还需要我做些什么？"，表明自己谦虚的态度。

沟通技巧20

> **做好汇报**
>
> 　　汇报前打个草稿，要有重点，有解决方案。用具体的数据支持自己的方案。根据领导性格确定汇报频率。

Q21 领导发飙怎么办

　　工地上经常遇到领导生气的情况，应该怎么应对呢？

　　首先是换位思考，理解领导的难处。领导也有领导，副职背后有项目经理，项目经理背后有公司领导，他们也有压力，也会被批评，当然也有情绪。领导都愿意保护下属，其实很大一部分压力都是在他们那里，没有直接压给底层员工。领导是人，人都会犯错，领导不可能对工地上的事情了解得非常清楚。

　　我在长期工作中，总结了一个定理：

　　第一，领导永远是对的。

　　第二，如果你发现领导错了，请参考第一。

　　抱着这样的想法，领导生气的时候，无论原因是否合理，你都能保证自己心平气和，不会跟着情绪激动。

　　不正确的应对方法是和领导吵架，你肯定吵不过领导，还会给其他领导留下坏印象。不承认错误，或是找理由也没有什么用，对方在气头上，这样做只会火上浇油。更不能背后批评领导，因为这些话总会传达到领导那里去的。

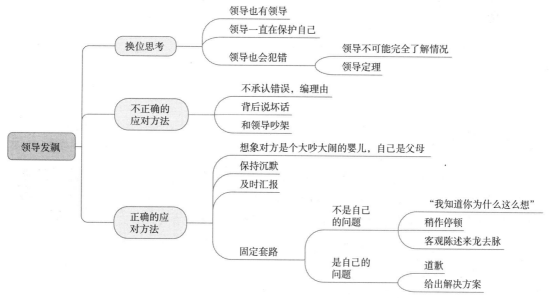

　　那么应该怎么回应呢？

　　如果不是自己的问题，就先说一句"我知道您为什么这样想"。这样给对方一个台阶和情绪补偿，表示即使错了也不是他们的原因。稍作停顿，让对方接受一下，然后客观地说出事情的来龙去脉。如果是别的同事的问题，不要批评别的同事，客观描述事实就行，领导自己会有判断。

项目领导上面还有公司领导

不是自己的原因而领导批评自己，自己会觉得非常委屈，这时候可以想象对方是个大吵大闹的婴儿，自己是父母，自己要照顾对方的情绪，这样想，自己的情绪也就能平复下来了。

如果真的是自己的问题，那么首先道歉，接着给出解决方案。领导看到解决方案，一般也不会那么生气了，还会觉得你是个有担当的人。

平时要及时汇报，预防领导自己检查出问题生气。汇报的时候提出问题和解决方案，领导会和你一起想办法解决。

沟通技巧21

> **应对生气的领导**
>
> 准备好套路，是自己的原因，就道歉+汇报解决方法；不是自己的原因，先给对方一个台阶，接着陈述事实。平时多汇报，防患于未然。

Q22 怎样让分包单位改变想法——循序渐进法

项目上有家主体队伍，后期只留了四个人维修，工地上许多活都来不及干。领导也了解情况，让我们着急的活就自己安排其他队伍干。有一天，我所在的区域刮腻子前需要处理混凝土上的螺栓眼，于是我拨通了这家主体队伍现场人员老邓的电话。

我："邓工，地下室刮腻子快到你那个区域了，需要你提前处理一下螺栓眼。"（陈述事实开场）

邓："没人，没人。"（情绪比较激动）

我："嗐，邓工你真不容易，这么大的工地，你们老板只给你四个人搞维修，他真应该来现场看看你多么不容易。"（情绪补偿法）

邓："是啊，这哪是人干的活啊。"抱怨一段时间后，邓工说："每天各个楼长都催，我就这么几个人。这几天反坎在打灰，我要是去处理螺栓眼，楼上活就没人干了。"（情绪补偿后，态度已经不那么抗拒了）

腻子工的事情
和我主体队伍有什么关系

我："邓工你是说，你干我这里，别的地方的活就干不了了，是吗？"（确认对方的想法，使对方感觉被尊重的倾听法）

邓："是啊，不是我不想干啊。"

我："我看过了，你派两个人干一天就行了，不是很大的活，应该能排出时间吧？"

（明确目标法，如果自己不知道工程量多大，就不好沟通；对方脑海里面的画面是这个活量很大，需要向他说明实际情况）

邓："不行，不行，真排不出来。"（情绪又开始激动）

我："邓工，你要是不处理螺栓眼，腻子工就干不下去了。"（老邓的问题属于既有动力不足，又有能力不足，于是我利用陈述后果法说明后果，激发老邓的动力）

邓："腻子工不关我事情，让他们等两天。"（听上去有点无理取闹，但是自己不能跟着情绪化）

我："另外一家主体队伍提前好几天就弄完了。都是主体队伍，邓工你难道不如他们么？"（利用准则法激发动力）

邓："他们是他们啊，他们人多，我才几个人啊。"（情绪很激动）

我："嗐，邓工，我不是说你这个人不行，你也是很尽力了，我都知道。我是想想一个好办法。因为你们没人，我只能找零工干，到时候转扣费用更多，对你们也不利。你还有其他好办法吗？"（利用对比法消除误会，再次说明后果增强对方的动力，最后咨询对方有没有第三选择）

邓："我也知道章工你是个好人，这样吧，我回去想想办法，还是不行的话你找零工吧。"说完挂掉了电话。

年轻人，胜败乃兵家常事

我以为沟通失败了，没有达到预期的效果。虽然应用了很多沟通技巧，但是沟通失败的情况也会发生。如果有一种百分百有用的沟通技巧的话，那么世界上就没有沟通问题了。于是我准备下午找老邓单独面谈一下，还不行的话明天安排零工处理螺栓眼。

结果上午快下班的时候，我接到了老邓的电话，告诉我他去看了现场，安排自己的工人中午时间都下去加班搞，不影响腻子工干活。我赶紧对邓工加班配合的行为表示了感谢。

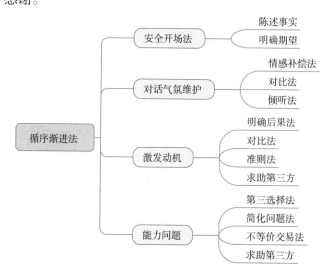

我们沟通时，不要企图一下子完成目标。要把沟通过程分解成几步，一步一步，循序渐进。另外，没有百分百成功的沟通法，但是应用沟通技巧，能把成功率提高到让人满意的程度。沟通实在不能成功的，我们还有"不合作"这个选项，对于工地来说，就是找其

他队伍干，办理转扣。

 沟通技巧22

循序渐进法

从对方脑海中的画面出发，一步步引导对方看到我们的想法。把沟通过程分解，不要着急达到目标，要运用多种技巧，循序渐进地向目标靠近。没有百分百成功的沟通技巧，我们还可以有不合作这个选项。

Q23 怎样应用沟通技巧——关键沟通清单

前面介绍了这么多沟通技巧，是不是有想立刻投入使用的冲动？这里提供了一个关键沟通清单，可以在沟通过程中对照使用。

关键沟通清单

序号	沟通过程	关键沟通法	传统沟通法
1	知己	（1）我的目标（长期、短期）是什么？ （2）什么是成功标准？ （3）真正的问题是什么？ （4）谈不成怎么办？	不假思索地开始沟通，没有准备 成功标准＝按照我的想法来 只解决表面问题，不追究问题的深层原因 对同一个沟通对象死缠烂打
2	知彼	（5）谁是真正有效的沟通对象？ （6）对方的准则、需求是什么？ （7）对方脑海里的画面是怎么样的？	我默认你和我一样了解情况 我默认你的想法应该和我一样 我默认找你就能解决所有问题
3	沟通	（8）从说明客观情况开场，不带情绪地指出你的问题 （9）我和你一起想一个达到目标的第三条路，从而达到双赢 （10）我通过激发动力、简化问题的方式让你承担责任 （11）我把你当作一个成熟的人看待，你是有理性的、有自尊需求的。我倾听你的观点，我关注你的情绪 （12）运用循序渐进的方式，使用情感补偿、准则、不等价交换等多种沟通手法，达到沟通的目标	我默认你是个自私自利的坏人 我是法官，你是犯人 我提一个方案，你提一个方案，我们讨价还价 我妥协、让步，或者我用权力压制你按我的要求做 我默认出现问题的原因都是你的品质问题，只要你上心就没问题 我对你的不合适的行为保持沉默 我只把你当作解决问题的工具 我抢着回答你，我要快速解决问题 沟通经常变成吵架，双方变得情绪化，偏离最初目标
4	行动	（13）约定检查方式	交代之后就不管了

施工员的大部分时间会花在和分包单位的沟通上，工作中大部分痛苦也来自和分包单位的沟通上。唯物辩证法认为，只有人的主观愿望与努力和客观实际、规律相符合，才能成功，否则就会失败。我们平时默认的沟通方法，主观性太强，往往效果不好。

大部分人都在使用的默认的沟通方法是，我提一个方案，你提一个方案，我们讨价还价，各退一步，最后都觉得自己亏了。

关键沟通方法是以调查研究，知己知彼为基础，通过不等价交换法、安全开场法、简化问题法、情感补偿法、准则法等多种技巧，通过循序渐进的方式，和对方一起找到达到目标的第三条路的方法。

关键沟通法强调准备工作，强调知己知彼。传统的沟通方法，没有准备工作。我们遇到问题了，立刻拿起电话和对方沟通。

关键沟通法，强调和对方一起找到第三条路。传统的沟通方法，要么按我的方法来，要么按你的方法来。谁的权力大、声音大就听谁的。

关键沟通法强调人的因素，要把对方当作成熟的人来看待，要倾听对方。传统沟通方法下，对方是一个职务，一个等待接收指令的机器。

关键沟通法强调从对方脑海中的画面出发，一步一步引导对方理解自己的看法。传统沟通方法下，我默认对方了解情况，如果对方不按我的方案来，那就是因为对方是坏人。

谈笑风生

关键沟通法认为，人要做成一件事情，既需要动力，也需要能力，应该根据问题的不同选择激发动力或是简化问题。传统沟通方法则认为只要你用心，就能解决好问题，有问题都是因为你品质有问题。

关键沟通法强调包容对方的情绪，控制自己的情绪，牢记沟通的目标。传统沟通方法往往双方最后都变得情绪化，开始吵架，偏离目标。

关键沟通法认为，沟通的目的是为了达成目标，因此得到对方的承诺后，也要约定检查方法。传统沟通方法下，分包答应做一件事就结束了。

总之，因为关键沟通法是从客观实际出发的，所以效率比传统默认的沟通方法高。读者实际应用的时候，不需要一次使用所有技巧，根据实际情况选择就行。沟通是一种能力，既然是能力，就可以通过训练来加强提高。希望这些沟通技巧能够帮助读者和分包单位建立良好的沟通桥梁。

 沟通技巧23

应用沟通清单

出现问题时，不要着急行动。对照沟通清单，做好准备工作。了解的情况越多，解决问题越容易。

Q24 有哪些有用的说话模板

施工员有必要准备一套说话的模板，以应对日常工作需要。

1. 第三选择法

"我们一起想个更好的办法，好吗？"

"你的意思是***，我说的对吗？"

2．讨价还价的模板

先提出一个高价格，然后坚持一段时间，最后装作吃亏，无耐接受的样子。

3．虚假两难法

"要么你自己清理卫生，要么我找零工清理。"

4．情感补偿法

"你也不容易啊。"

"你们老板都不知道你这么辛苦。"

"我不是针对你个人，我是公对公办事情。"

5．应对假装生气的分包

"说得好。"

"你刚才那一套，对别的人可能有用，对我没用。你放心，我不会用不合理的要求去要求你，但是你也不要指望我降低标准。"

"你吵吵的手段对别人可能有用，对我没用，你再这个样子我就走了。"

6．对话安全开场法

从具体的、客观的事实入手，客观叙述事实，不带主观情绪。

7．激发动力的模板

"你这个活要是干不完，其他队伍就要等你，他们的人就没活干了。我们项目经理也会找你们老板，到时候你们老板又要找你。"

"别的单位负责的楼层卫生都清理干净了，只有你们家没有清理了，你们家以前也不比别的队伍差啊。"

8．简化问题的模板

"你对情况比我更加了解，你觉得应该怎么做？"

9．分包抱怨管理太严时

"别的工地/楼我不管，也管不了，但是在我的楼，应该……"

10．准则法

"你们**公司不是质量非常好吗，怎么这里***。"

"**都干了，你们为什么不能配合？""大家都干完了，就差你们家了。""别的队伍都没有问题，就你们家特殊？"

11．倾听的模板

"你的意思是1.****2.****我说得对吗？"

"你说得没错，我还注意到****。"

许总接电话时总是拿只笔记录

12．不等价交易法

"款先不罚了，你们把现场××事情给我办了。"

13. 安排工作的模板

定人 + 定事情 + 定时间 + 定检查方式 + 确认

"没问题吧，你感觉还有什么阻碍吗？"

"有问题第一时间和我说。"

14. 应对扯皮

"除了这三点以外，你还有什么要说的？"

15. 分配楼层垃圾

"不全是你们家的，总有一个比例吧，我看你们家占80%。"

"你们垃圾都混在一起了，哪里能各清各的。"

"没有完全公平，只有大致公平。"

"我觉得是尽量公平了，你要是还觉得多，就当帮帮忙，配合工作吧。"

16. 划分相关方责任

有合同规定的，依合同；合同没有规定的，依习惯；无习惯的，依道理。

17. 汇报的模板

开场："领导，能占用您……分钟时间吗？我想汇报一下……事。"说明这次汇报要花的时间、要讨论的事情，让领导有准备。

中间："经过调查，1.……2.……3.……，其中重点是……，我准备了两个解决方案……"过程中要用数据做支持。

结尾："这是我一点不成熟的建议，还需要我做些什么？"表明自己谦虚的态度。

18. 领导生气

"我知道您为什么这样想" + 汇报事情经过。

道歉 + 汇报解决方法

19. 道歉

"真的对不起" + 错在哪里 + 伤害是什么 + 补偿/今后措施

20. 赞美

用心观察 + 主动赞美

21. 拒绝对方

格式1：明确拒绝 + 详细理由

格式2：明确拒绝 + 详细理由 + 要不然

22. 批评、问责

格式：表明真实意图

例子："老徐，我的目标是帮助你改进工作。最近你们单位的质量实在太差了，这样下去要返工的。今天我和你谈这个，就是要保证别返工。"

23. 表达感谢

格式：找到益处 + 承认努力 + 点明优点

例子："谢谢你借给我的那本书，里面的内容正是我需要的。你每天那么忙，还抽出时间给我找书，你把我的事情当作了自己的事情，谢谢。"

第 2 章

施工准备阶段技术要点

　　本章的内容主要是平面布置、施工进度计划编制、模板和脚手架设计等施工准备阶段各项工作的方法和注意点。本章还介绍了 BIM 技术在施工阶段提高工程管理效益的应用，以及作为基础的建筑信息模型建立要点。

2.1　施工组织设计

Q25 怎样看图样

1. 施工员为什么要学会看图样

　　总包单位新入职的施工员对学看图样很有热情，但是渐渐地他们发现其他施工员工作中很少用图样，似乎不看图样对工作完全没有影响，于是他们也不学看图样了。我身边也有工作好几年还看不懂图样的人，他们认为看图样是技术员总工的工作，分包单位图样上有问题，找总工就行。

　　施工员真的不用看图样吗？我想，这和你想成为一个怎样的施工员有关。如果你想做一个"轻松一点的"、跟在其他人后面的施工员，那么不看图样真没什么问题，工程照样交工。如果你想成为一个优秀的施工员，而且不满足于永远只做一个施工员，那么看图样是必备技能。

　　学会看图样能扩大职业发展方向。转商务岗、技术岗或是成为副职，都需要会看图样。即使不想在总包单位工作了，如果会看图样的话，也有审计、投标、BIM、装修设计等行业可以尝试。

　　会看图样能赢得分包单位的尊重。

现场看图样

你拿着图样去对，指出哪些地方的钢筋有问题，或是哪些地方装修材料用错了时，分包单位工长会非常尊重你。

学会看图样才能理解设计变更。有一些针对个别楼的设计变更，总工往往没有时间去具体指导，这就需要自己看图样解决。

学会看图样可以避免损失。有一个底商屋面，上面开了很多出屋面的洞口。安装烟道的人问是不是都装上烟道帽，我们的工长随口答"是"。结果结算的时候发现烟道帽装多了，原来图样上那些洞口中有的是空调洞，不需要安装烟道帽。因为我们的施工员没有看图，还和队伍说过可以装，最后项目部承担了部分损失。

2. 怎样看图样

（1）了解图样的种类和作用　一般按照建筑平面图、建筑立面图、建筑剖面图、结构施工图、总说明、做法表、建筑节点图的顺序看图样。

建筑平面图给我们以感性的认识，可以了解一共有几户，以及飘窗、阳台的位置。

建筑立面图定位了建筑物造型和线条位置。将建筑立面图结合着节点图看，就能知道飘窗、阳台的具体做法。外墙什么部位用什么材料也能在立面图上看到。

建筑剖面图、建筑节点图提供了丰富的细部信息。节点索引一般在一层平面布置图上。飘窗阳台等部位做法、散水位置、屋面做法都可以从节点图中查到。

户型大样图一个非常大的作用是可以定位保温做法。保温做法，有的地方是用岩棉或保温板，有的地方是用玻化微珠，仅仅靠做法表不太容易区分，户型大样图上就比较直观。比如做法表上一般会写"采暖和非采暖分隔部位"采用某种做法，在户型大样图上就能比较容易看出来哪个地方是"分隔部位"。

总说明、做法表提供了施工注意事项和各个房间的做法。节能说明中会有各个部位的保温材料及其厚度的说明。

（2）了解图例　要了解各种颜色的线的意思。"图样上没有一根线是多余的"，这是我实习时一位前辈告诉我的。不懂什么作用的

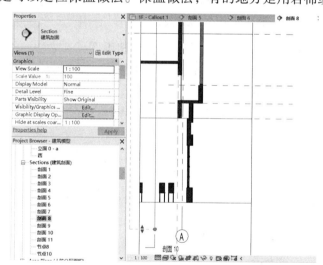

建筑剖面图、节点图对理解外立面造型非常重要
图示为Revit中新建剖面绘制外立面节点

线，要请教别人搞懂，不要放着不管。曾经图样上有一面墙多了一条绿色的线，后来才知道是隔音墙，但是有的楼层已经抹上腻子了，因此造成了一定的损失。

（3）结合着看图样　平面图上确认不了的地方，可以结合着建筑立面图、节点图看，就比较清楚了。

地下室图样比较复杂，人防区要看人防图样，非人防区要看非人防图样，地下室主楼范围内可能要看主楼图样。这些需要看看图上是怎么规定的，一般不能参考的地方会打上

格子。

有些地方引出来，要求参考某个图集某页的，可以去查图集。

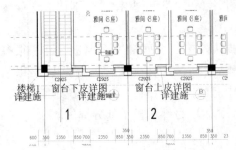

图中C2925具体造型需要结合详图和立面图确定

（4）施工员现场工作中应用图样的场合　主体阶段，根据设计总说明确定对钢筋有特殊要求的地方，以及混凝土强度变化的楼层。根据立面图确认需要留出造型的楼层，提前通知分包单位。每次验收钢筋的时候，都应带上钢筋图样，对比一下有没有做错的。混凝土浇筑前，检查一下预留洞口是不是都留了。

屋面主体施工前，提前规划一下女儿墙预留的排水口、卷材收口部位高度。

装修工程开始前，提前熟悉做法表，需要总包单位进的材料要提前提计划，施工过程中检查一下材料是否都用对了。

3. 用手机看图样的注意点

施工员在施工现场普遍使用手机看图样和做法。使用手机看图时，有以下注意事项：

1）看图时，部分虚线在手机中会显示为实线，需要注意。如下图所示，手机上显示电梯洞口有一圈厚度为100的墙。

而在计算机中可以看到，电梯基坑四周黑白印刷的线是虚线，是轴线。

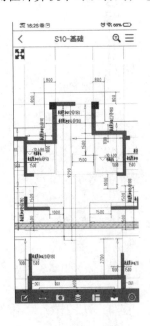 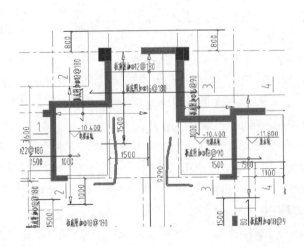

2）用手机看 Excel 文件时，有可能显示不全。编者有一次复核建筑 1m 线，发现分包单位计算的建筑面层厚度不对。分包单位放线的人打开手机上的做法表的电子表格，一项一项加起来给我看，的确没有问题。后来才发现，因为这位放线师傅使用的手机软件，没有把表格显示全，所以做法少了一道。PDF 格式文档通用性比较好，Word、WPS 生成的文档或表格在显示时会随设备不同而不同，特别是表格因为显示格式的影响可能出现缺行的情况。建议做法表还是打印出来看。

Q26 怎样做现场平面布置

1. 基本思路

1）现场条件查看、确定塔式起重机位置。

2）确定施工电梯位置。

3）布置加工场、加工棚。

4）规划主路。

5）确定工地大门数量、位置，对主要入口进行详细设计。

6）布置围挡。

7）布置垃圾池。

8）计算确定水电网规格，设计临水临电网，布置临时消防。

9）分阶段设计，考虑塔式起重机、施工电梯拆除后的平面布置。

10）将 CAD 底图、施工进度计划导入 BIM 场布软件，形成 3D 模型。

11）和项目相关方讨论、修改、优化。

2. 现场要素布置要点

（1）塔式起重机

1）确定塔式起重机最小起重半径。固定式塔式起重机宜布置在建筑物长度方向居中位置，塔基尾部与建筑物脚手架外边线距离 6m。按照整个施工区域避免出现死角的原则，确定塔式起重机最小起重半径。多层区域楼层较多，如果有无法避免的死角，可以考虑使用轮式起重机。

确定塔式起重机位置时，还要考虑塔式起重机说明书、场区里面有没有高压线、塔式起重机基础、附墙能不能布置、施工电梯位置等。

2）定塔式起重机最小高度。起重高度=建筑物高度（从塔式起重机

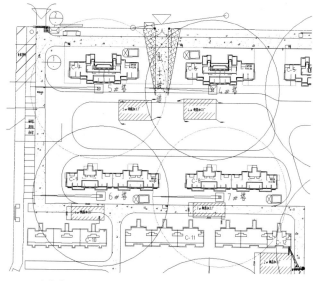

塔式起重机宜布置在建筑物长度方向居中位置，避免出现死角

基础底算起）+安全生产高度（2m）+构件最大高度+索具高度（3m）。

3）确定最大起重重量。根据工程特点，确定需要的最大起重重量。

4）对比主要参数，确定塔式起重机型号。

例如：

主要工作参数	QTZ50 塔式起重机	实际需要值
最大回转半径	48m	36m
独立起重高度	30m	28m
最大起重重量	5t	3t

5）群塔布置，检查。布置其他楼塔式起重机。注意群塔施工安全距离。低位塔起重臂端部离高位塔塔身的距离不得小于2m；高位塔最低部件和低位塔最高部件的垂直距离不得小于2m。

6）方案对比、讨论。塔式起重机布置一般不止一种方案，要对各种方案进行比较。

要邀请主体队伍、塔式起重机租赁单位、安全部门、生产部门等一起讨论，要到实际现场查看。最终确定塔式起重机的型号和位置。

（2）施工电梯 施工电梯布置时，注意不要和塔式起重机布置在楼的同一侧。只能布置在同一侧的，要考虑施工电梯是否影响塔式起重机拆除。

施工电梯要满足小推车能正常进出的要求。可以在现场平地上用墨线弹出轿厢、立杆钢管和楼板位置，现场试验一下小推车能不能推进去。

（3）材料场、加工场 材料场地要考虑方便塔式起重机倒运材料。现场施工开始后，材料区要挂好材料标识牌，使用围挡或彩带隔离开，保持美观。

（4）主路 现场主路可以参考建成后小区道路的位置进行布置。

主干道宽度不小于6m，次干道不小于4m。

临时道路混凝土厚度20cm以上，混凝土强度C20以上。大门口位置两侧混凝土标号的强度还要再提高一些。临时道路混凝土标号的强度高一些，虽然一次成本增加了，但是不容易开裂，后期维修成本下降了，观感也好。

临时道路施工时，要特别注意路基要夯实。路基强度合适时，20cm厚、强度C20的混凝土能符合要求。路基强度差时，20cm厚、强度C20的混凝土很容易开裂。

（5）大门 大门位置可以参考建成后小区大门位置进行布置。

地下室出入口要布置大门，方便地下室施工。

大门口要设置洗车池、门卫室。主要出入口要进行详细设计，布置企业形象标志，要布置标识牌，包括工程概况牌、消防保卫牌、安全生产牌、文明施工牌、管理人员名单、监督电话牌、施工现场总平面图。

（6）围挡 围挡跟着建筑红线设置。

场地高低不平时，围挡可以分段设置，每段高度一致，这样美观些。

围挡高度：市区主要路段2.5m，一般路段1.8m。

（7）垃圾池 垃圾池要考虑避开地下管线多的地方。

（8）水、电、消防　水、电管网规格要通过计算确定，计算方法可以参考施工组织设计教材或临电、临时的消防规范。

要在平面图上标注出主电缆、主水管的走向，进行交底，避免后期挖坏。

3．按阶段设计

要按阶段分别设计基础、主体、装饰工程施工时的平面布置图。

4．利用BIM技术

施工平面布置是由编制人员依据现场情况及自己的施工经验完成的，潜在的问题不太容易被发现。同时，用 Auto CAD 画的平面图，不够直观，不利于现场管理人员提意见。

将画好的 CAD 底图导入 BIM 场布软件，构建 3D 模型，同时导入工程进度计划，可以直观地检查各个阶段平面布置是否合理，也方便项目相关方提出意见。

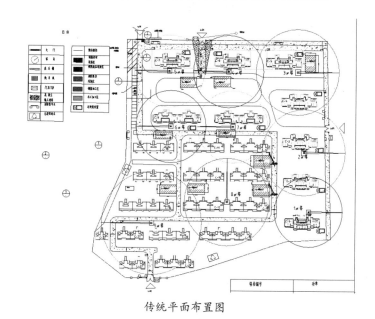

传统平面布置图

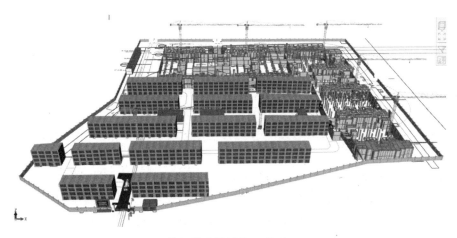

导入进度计划的3D模型

图中多层区域已经施工完成，高层区域正在施工

Q27 项目管理基本知识

施工员作为项目管理人员，从事项目管理工作。但是施工员的工作只是整个项目管理工作的一部分，因此很难把握整个项目管理步骤和流程。这里简单介绍一下项目管理的基本知识和工具。

项目管理的阶段、目标、步骤和工具见下表：

序号	阶段	目标	步骤	工具	备注
1	项目启动	形成共有、可衡量的期望(指南针)	明确利益相关方	头脑风暴	
			明确关键利益相关方	DANCE 分析	
			采访关键相关方	采访表 漏斗模型	
			形成项目范围说明表	项目范围说明表	
2	项目规划	形成计划(地图)	风险管理策略	风险分析矩阵 风险管理方案	
			编制项目计划	思维导图 甘特图 里程碑	
			编制沟通计划	沟通计划表	
3	项目执行	明确责任，确保团队全力以赴	形成定期责任汇报机制	团队责任汇报会议	
			举行绩效谈话	对话计划表	
4	项目监控	通过透明沟通推动项目进展	让利益相关方了解项目的进展	项目进展报告	
			管理项目范围变化	项目变更需求	
5	项目结束	总结经验，持续改进	评估项目	项目结束清单	
			总结经验教训		

1. 项目启动

形成共有的、可衡量的期望，是项目管理最重要的一步。想象这样的生活场景，父母安排你去买肉，你直接到市场上去。售货员问你要买几斤，你打电话问家人。确定好几斤后，售货员问你要前肘肉还是五花肉，你再打一个电话问家里人。一个简单的买菜动作，如果开始时不能确定好期望目标，就要在沟通上花费不少额外的时间和精力。项目管理也是一样,必须首先和所有相关方确定好时间、质量要求、风险管理、检查方式等信息,统一认识。

相同的词汇,在每个人大脑里的形象是不一样的,因此不要觉得事情是理所当然的,应该仔细确认。就像"施工狗"这个词语,既可以指工地上的施工员(工作人员的自我调侃),也可以指活动在工地的狗。

做好项目启动工作,首先要使用头脑风暴方法明确利益相关方。就混凝土浇筑这项工作来说,就有队伍、搅拌站、泵车、监理、安装单位、塔式起重机驾驶员、总工、商务部门、物资部门等相关方。相关方确认好后,就要一一联系,形成一个清晰的完成状态的画面。

惺惺相惜

2. 项目规划

项目规划包括风险管理和进度计划编制两项工作。传统的项目规划往往忽略风险管理,只是进度计划的罗列。这样的问题是出现意外情况后没有预案,施工员需要花很大一部分精力进行现场协调。如果一开始就做好风险管理,约定好出现什么情况采用什么措施,就可以节约精力。

例如,对于混凝土浇筑来说,风险包括停水停电、道路被挖断、天气变化、搅拌站供应不上等。可以对每个风险可能发生的概率和后果进行打分,然后相乘,得到风险的等级。停水停电,后果比较严重,分数是5,可能性不大,分数是2,可能性乘以后果就是$5 \times 2 = 10$。对每一项风险,指定具体措施和负责人,比如停水停电这项风险,措施就是保持水电工到位,如果停电时间长的话要留好施工缝等。

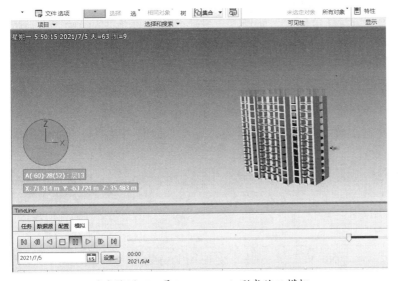

进度计划可以导入Navisworks形成施工模拟

做好风险规划后,接着制作项目进度计划。把项目启动阶段确定好的项目目标层层分解,确定每一项子任务的人员、工期,编制进度计划。注意工期上不要过于乐观,可以按照(1×乐观时间+4×正常时间+1×悲观时间)/6确定。

项目的成败很大程度上取决于人与人之间的沟通。因此除了工期计划,还要制订沟通计划，约定好什么时候检查工作、什么时候汇报、什么时候开生产例会。

3.项目执行

项目执行的关键是每周定时召开项目例会，会上对照计划表，明确进度和整改措施。很多施工员会上的发言是要加快进度，多上人。进度究竟落后了多少，要加几个人，谁也不知道。这样开会的效果不是很好。

对于频繁出现问题的分包单位，要和他们沟通，明确是能力问题还是动力问题。对于能力问题，要发挥他们的主动性，向他们请教解决方法，而不是自己提出方法。要和队伍一起简化问题，而不是强压队伍。对于动力问题，要和分包单位明确他们不能按时完成的后果。

4.项目监控

要根据领导要求或个性特点定期汇报工程进度。领导最害怕出现平时不反映问题，结果到期没有完成的情况。不要因为项目出现了问题讳疾忌医，不要因为怕影响自己在领导心中的形象而不敢汇报。领导也是基层上来的，都明白工地上不可能没有问题的道理。施工员主动提出并解决问题，领导会觉得你有责任心也有能力。

项目例会

要注意汇报的时候，不要光反映问题，还要提出两个以上具体的方案供领导选择。汇报的时候要挑重点，不要让领导不知所云。

5.项目结束

一方面，要检查项目启动阶段的项目期望，检查一下有没有遗漏项。

另一方面，任何一项工作结束都要及时总结经验，形成能力。工作 5 年，每年都应有新的工作经验，不应把工作做成用工作 1 年的经验重复做 5 年事。人都会遗忘，事情刚刚做完，觉得印象很深，但是一年以后重新接触时，如果不复习过去总结的纸质的经验，就会觉得又从零开始一样。工程项目一般工期是 2 年左右，时间跨度大，因此及时总结经验非常重要。

6.人+流程=成功

除了做好项目流程管理，还要做好人员管理，因为项目毕竟是人做的。对待分包单位，要管理和服务并重。既要通过聆听等手段表达尊重，也要对他们明确期望，让他们承担责任。

Q28 Project软件入门

施工员工作中经常需要编制计划，而很多人都不会使用 Project 软件。这里介绍一下 Project 软件的基本操作，按照本小节的步骤，可以应对基本工作需要。

1. 设置日历

新建项目后第一件要做的事情是调整日历，取消休息日。

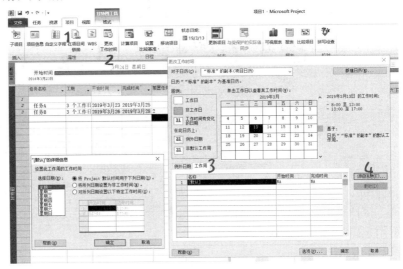

依次单击"项目""更改工作时间""工作周""详细信息"。

选择"星期六"，点选"对所列日期设置以下特定工作时间"，然后将开始时间和结束时间设置为工作日的时间。"星期日"也用同样的方法设置。

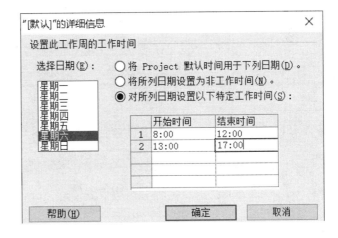

2. 设置项目信息

单击"项目""项目信息"，填写项目开始日期，然后选择"日历"为我们刚才改过周末的日历。

3. 排任务

根据实际需要输入工程中的各项任务。

选中任务，点击"任务"下的升级和降级选项，可以调整任务的层次。

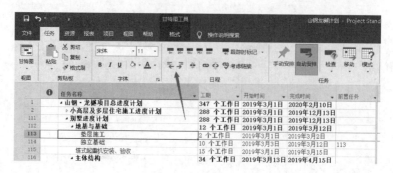

排任务的时候，一般选择自动模式。自动模式和手动模式的区别在于手动模式下工期不用是确定值，可以用文本代替。

4. 链接任务

1）两个任务是开始 - 开始关系时，用 SS 链接。

任务 A 开始后任务 B 开始，任务 B 前置任务填写 2SS，"2SS"中"2"是任务 A 的行号。

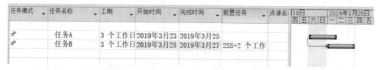

任务 A 开始 2 天后任务 B 开始，任务 B 前置任务填写 2SS+2，"2SS"中"2"是任务 A 的行号。

2）两个任务是开始 - 结束关系时，用 SF 链接。

任务 A 开始时任务 B 结束，任务 B 前置任务填写 2SF，"2SF"中"2"是任务 A 的行号。

任务 A 开始 2 天后任务 B 结束，任务 B 前置任务填写 2SF+2，"2SF"中"2"是任务 A 的行号。

3）结束-结束关系和结束-开始关系。

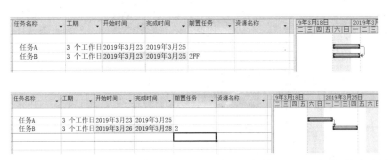

工作中用得最多的是结束-开始关系，在前置任务中输入上一任务的行号就可以链接两个任务。也可以选定要链接的任务，点击"任务"菜单下的"链接"按钮进行链接。

掌握以上步骤，基本能应对平时工作的需要了。有兴趣的话，可以购买有关的图书或观看视频，学习资源分配、计划监控、计划更新、报表发布等高级功能。

Q29 怎样编制工程总进度计划

解决任何问题，都离不开了解情况、分析矛盾、解决问题三步。为了编写层次清晰、工期合理的施工计划，必须全面了解项目情况，分析各个施工阶段的特点。

1. 了解情况

（1）了解开工日期、总工期、节点 这些信息可以从招标文件获得。

（2）了解平面分区、层数、施工工艺 通过看项目总平面图等图样，了解项目地下室位置、各楼层高等信息。根据现场道路和楼座布置情况，对现场进行分区。编制计划时，不同的分区分别编制，例如一个项目有高层和多层的，总计划下面分为一个高层计划和一个多层计划。

1	工程名称	山钢·龙樾
2	建设地点	山东省日照市天阁山路以东、青岛路以南
3	招标范围	图样设计范围内除建设单位直接分包以外的全部施工内容。(包工、包料、包质量、包工期、包安全文明环保、包协调管理施工)
4	计划工期	计划工期：347（日历天） 计划开工日期：2019 年 10 月 20 日 计划竣工日期：2020 年 10 月 31 日 其中： ±0.00 完成时间： 　别墅（5#-8#、14#-15#）：2019 年 11 月 25 日 　别墅（其他）：2019 年 12 月 10 日 　多层洋房：2020 年 3 月 31 日 　小高层 2020 年 4 月 10 日 主体施工至可售节点：

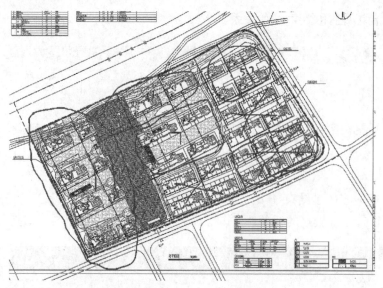

分析上面的总平面图，可以将别墅和小高层分别编制计划。小高层区域楼的数量比较多，可以分区域排计划。另外，由于有地下室，可以进一步分解为±0以下和±0以上两个计划。

	任务名称	工期	开始时间	完成时间	前置任务
1	▲山钢·龙樾项目总进度计划	347 个工作日	2019年3月1日	2020年2月10日	
2	▲小高层及多层住宅施工进度计划	288 个工作日	2019年3月1日	2019年12月13日	
3	▲小高层及多层住宅±0以下主体施工进度计划	49 个工作日	2019年3月1日	2019年4月18日	
4	▷A1段	45 个工作日	2019年3月1日	2019年4月14日	
10	▷A2段	45 个工作日	2019年3月1日	2019年4月14日	
16	▷A3段	45 个工作日	2019年3月1日	2019年4月14日	
22	▷A4段	45 个工作日	2019年3月5日	2019年4月18日	
28	▷A5段	45 个工作日	2019年3月5日	2019年4月18日	
34	▷A6段	45 个工作日	2019年3月5日	2019年4月18日	
40	▷A7段	45 个工作日	2019年3月5日	2019年4月18日	
46	▷不带地下室的小高层及多层，18、20、21、22、23、26、27、28、30、33号楼)	15 个工作日	2019年3月1日	2019年3月15日	
50	▷小高层及多层住宅±0以上施工进度计划	273 个工作日	2019年3月16日	2019年12月13日	
111	▷别墅进度计划	288 个工作日	2019年3月1日	2019年12月13日	
138	▷专项验收	20 个工作日	2019年12月13日	2020年1月1日	
141	▷竣工验收	60 个工作日	2019年12月13日	2020年2月10日	

（3）了解项目的特殊性（特殊工艺、地形等）　了解项目施工的特殊工艺，对项目有影响的特殊地形、资源等信息。比如项目所在城市如果当年有重大会议召开，就需要考虑因为重大会议导致的停工的可能。

2. 分析矛盾

（1）工作分解、各工作持续时间　将一个区的工作，按照基础、主体、装修、验收的顺序依次分解。

工序的持续时间，可以参考右表所示的工期确定。也可以从商务部门要各个工序的工程量，结合劳动定额确定。

（2）关键工作、工作搭接　分析项目关键工作，以及工作中的制约关系。

常见的制约关系有：

A	B	C	D
序号	项目	工期	注意点
1	垫层	2	
2	防水	2	
3	保护层	1	
4	底板	10	
5	地下室	30	
6	地上主体结构	5天一层	
7	地上二次结构	4天一层	
8	抹灰	4天一层	
9	地面	1天三层	
10	腻子	3天一层	
11	外保温		1）根据使用吊篮还是外架确定开始时间，根据竣工时间推完成时间 2）保温和涂料时间比例1:1
12	土方回填	60天	根据竣工时间倒排
13	小市政	60天	根据竣工时间倒排
14	园林	60~120天	根据竣工时间倒排
15	竣工验收	60天	根据竣工时间倒排

1）屋面、抹灰、室内外回填工程必须在主体结构验收合格后进行。

2）主体结构验收前二次结构要完成。

3）楼面要在抹灰工程完成之后进行。

4）有附框的窗户，要在保温和抹灰工程开始前安装。

5）外墙保温要在屋面建筑面完成后才能安装吊篮。

6）塔式起重机要在屋面主体施工完成后拆除。

7）入户门、防火门要等地面施工完才能安装。

8）室外电梯要在室内电梯投入运行后拆除，室内电梯要在电梯井砌筑完成后才能开始安装。

9）腻子开始时间不宜太早，在交工前完成就行，开始早了不利于成品保护。

3. 解决问题

（1）画时间轴、打草稿　在正式编辑 Project 文件前，用笔和纸打个草稿，可以更加直观地反映工期关系。

从开始时间算起，加上基础、主体、二次结构，得到抹灰开始时间点。

从竣工时间开始，往前推竣工验收的时间，得到园林工程结束的时间点。

这两个时间点之间穿插地面、外保温、腻子等工序。

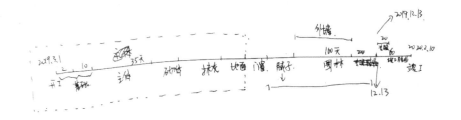

（2）编辑Project文件　注意点是日历中要取消周末；各个任务之间有关系的，尽量用 FF、FS、SS等参数表示。

111	⊟ 别墅进度计划	288 个工作日	2019年3月1日	2019年12月13日	
112	⊟ 地基与基础	12 个工作日	2019年3月1日	2019年3月12日	
113	垫层施工	2 个工作日	2019年3月1日	2019年3月2日	
114	独立基础	10 个工作日	2019年3月3日	2019年3月12日	113
115	塔式起重机安装、验收	15 个工作日	2019年3月1日	2019年3月15日	
116	⊟ 主体结构	34 个工作日	2019年3月13日	2019年4月15日	
117	±0以下结构施工	14 个工作日	2019年3月13日	2019年3月26日	114
118	1~3层及屋面附属结构施工	20 个工作日	2019年3月27日	2019年4月15日	117
119	⊟ 砌体结构	15 个工作日	2019年4月16日	2019年4月30日	
120	1~3层砌筑	15 个工作日	2019年4月16日	2019年4月30日	118
121	主体结构抽检及验收	20 个工作日	2019年5月1日	2019年5月20日	120
122	屋面工程	40 个工作日	2019年5月6日	2019年6月14日	120FS+5 个工作
123	⊟ 装饰装修工程	226 个工作日	2019年5月1日	2019年12月13日	
124	抹灰工程	40 个工作日	2019年5月1日	2019年6月9日	120
125	楼地面工程	30 个工作日	2019年6月10日	2019年7月9日	124
126	门窗工程	30 个工作日	2019年7月10日	2019年8月8日	125
127	户内腻子	60 个工作日	2019年10月14日	2019年12月13日	139SF
128	⊟ 外装饰节能工程	166 个工作日	2019年6月30日	2019年12月13日	
129	外墙保温	70 个工作日	2019年6月30日	2019年9月7日	122FS+15 个工作
130	外墙腻子及涂料	70 个工作日	2019年10月4日	2019年12月13日	139SF
131	机电安装	276 个工作日	2019年3月13日	2019年12月13日	117SS
132	**大型机械及设备拆除**	19 个工作日	2019年6月10日	2019年6月28日	
135	⊟ 园林景观	167 个工作日	2019年6月29日	2019年12月13日	
136	室外回填	30 个工作日	2019年6月29日	2019年7月28日	134
137	室外景观、园林	60 个工作日	2019年10月14日	2019年12月13日	139SF
138	⊟ 专项验收	20 个工作日	2019年12月13日	2020年1月1日	
139	分户验收	20 个工作日	2019年12月13日	2020年1月1日	
140	消电检验收	20 个工作日	2019年12月13日	2020年1月1日	
141	⊟ 竣工验收	60 个工作日	2019年12月13日	2020年2月10日	

Q30 怎样编制有指导性的施工计划

施工计划本应用于指导现场施工。但在实际工作中，往往是上级或甲方监理要求编制施工计划，施工员自己拍脑袋写出一个能赶上节点的粗略施工计划。这样的施工计划根本没有指导性，编制好之后一般就被束之高阁，无人问津。

要编制出能指导实际施工的计划，应该按照以下步骤：

1）了解情况，了解工程信息和可能影响工期的风险。要了解当前工序的进度、建筑各部位的做法、各项工作的速度等工程信息；要了解工程节点；要了解天气等可能制约工程进度因素；要了解可能出现的风险。工程进度的有关信息可以采用现场调查，或是打电话的方法了解。对于项目可能存在的风险，可以用头脑风暴方法寻找。

2）选择合理的格式。如果是总进度计划或是涉及部位比较多的计划，可以采用 Project 软件编制横道图计划，也可以使用斑马·梦龙软件编制网络计划。

对于单个高层建筑，宜采用楼层形象进度网络计划。纵坐标是楼层，横坐标是时间，使用横道图或网络计划表示工序。这样一来什么时间、哪个楼层、在干什么活非常直观。

对于简单的施工计划，也可以使用 Excel 软件编制。

3）工序、部位分解。采用分析法，把要完成的工作按照工序或部位分解。比如屋面工程，按照各道建筑做法分解。对于地下室地面工程，要对地下室分区。

4）确定各工序持续时间、工序间的关系。一般是和分包单位进行讨论，确定各项分解后的任务的持续时间。比如地下室地面分成 9 个区，每个区要持续多久，一天能浇筑多少平方米，这些都要和分包单位确认好。存在制约关系的工序，在编制计划的时候要充分考虑制约关系。

5）编制出第一稿，和相关方讨论。和分包单位、上级领导等讨论计划，一是用来发现自己考虑不足的地方，二是让相关方了解情况。

6）确定终稿，相关方签字。让相关方严肃对待计划。

7）用施工计划指导施工。虽然本小节的目的是说明怎样编制计划，但是还是觉得有必要说一下用施工计划指导施工的问题。因为在实际工作中，往往大家看到各项工作计划时都觉得能实现，就把计划放在桌上，过程中没有人看计划。常常是最后过了节点好多天了，突然提出为什么没有按照计划完成。

要保证施工计划有指导性，就必须定好沟通计划。选择每周或者每天，各相关方一起对一下计划，看看完成情况、讨论未完成工作的抢工措施。

下面以一个顶板刚开始做防水，里面正在打地面的车库为例，说明一下编制计划的方法：

1）了解情况。该车库顶板刚刚开始做防水。做防水的人员、材料充足。该工程业主对防水基层质量的要求非常高，防水基层验收可能会花费比较长的时间。车库顶板中间有垃圾池，垃圾池北面正在拆外架，要十多天的时间完成。车库顶板主楼的门厅位置，需要提前回填土，因为有结构要施工。

车库负二层有人防区，人防区还没有结构验收，不能打地面。车库负一层有材料加工区，需要合理挪运。车库部分位置有积水、垃圾，车库地面需要钢丝网片，这些可能影响地面进度。

2）选择合理的格式。因为涉及的工序、部位非常多，所以选择 Project 软件编制横道图。

3）工序、部位分解。先按楼层分解，将车库分解为顶板、负一、负二共 3 层。每层根据主楼位置，分解为 14 之间、23 之间等 8 个部位。每个部位，按照建筑做法再分解。对于特殊位置，比如门厅、集水坑，需单独列出。

4）确定各工序持续时间、先后关系。比如打地面，要先打负一层没有库房的地方，再打负二层非人防区，这个过程中负一层各单位挪库房。最后打负一层原库房区或负二层人防区。

考虑各工序持续时间的时候，要充分考虑可能出现的各种困难和应对措施。计划要稍有余裕，不能规划得太乐观。工序持续时间可以按"（乐观估计时间＋4×相对合理时间＋悲观估计时间）/6"确定。

5）将自己的施工计划和相关方讨论、修改，和相关方确认签字。指定一周碰面一次的沟通计划。

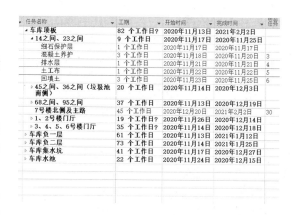

Q31 怎样编写施工组织总设计

施工组织设计分为建设项目施工组织总设计、单位工程施工组织设计、分部分项工程施工方案。本小节介绍项目施工组织总设计的编写方法和基本结构。单位工程施工组织设计可以根据所在单位的具体要求，参考项目施工组织总设计要点编写。

施工组织总设计的特点是内容多，经常有好几百页。一般是好几个人一起编写，每人负责写一部分，最后汇总。第一个容易出现的问题是大家的文档格式不一样，最后汇总的人很大一部分精力花在了调整字体、段落格式、标题样式、页码等排版工作上。为此，应该先建立好模板样式，同时使用主控文档组织子文档，具体可以参考"Word 排版要点"一节。

施工组织设计容易出现的第二个问题是没有指导性。许多项目都是复制其他项目的施工组织设计，再稍加修改，体现自己项目内容的部分很少，更有甚者修改不到位，里面竟然有别的项目管理人员的名字。

解决方法是多了解自己项目的情况。可以和商务部门要具体的工程量、定额信息，用数据支持自己施工顺序、工期计划和劳动力组织方案。

施工组织总设计基本结构：

1. 编制依据

1）建设项目基础文件，包括招标文件、合同、概算、图样等。

2）工程建设政策（国家、地方行政文件）、法规和规范资料，要注意使用最新版本的规范。

3）建设地区原始调查资料，包括气象、地形、水文、材料价格、人工价格等。

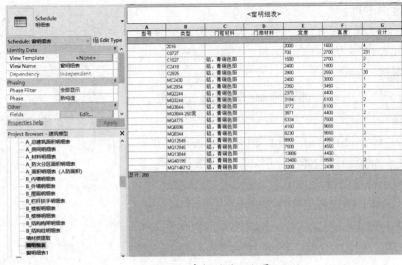

Revit明细表提供的工程量

4）类似施工项目经验资料。

编制依据可以列表：

序号	类别	文件名称	编号
1	国家标准	《砌体结构工程施工质量验收规范》	GB 50203—2016
……	……	……	……

2. 工程概况

（1）工程构成情况

总用地面积			总建筑面积	地下建筑面积	地上建筑面积	
建筑层数	1号楼		建筑高度		耐火等级	
	2号楼				地震基本烈度	
	……				抗震等级	
地上层高			地下室层高			
砌体						
装饰装修	外墙					
	楼地面					
	墙面					
	顶棚					
	楼梯					
	电梯厅					
防水	地下					
	屋面					
	房间内					

（续）

幕墙	
保温节能	
绿化	
环境保护	

（2）建设项目的建设、设计和承包单位

工程名称		工程性质		
建设规模		工程地址		
建设单位		项目承包范围		
设计单位		主要工程		
勘察单位		合同要求	质量	
监理单位			工期	
总承包单位			安全	
工程主要功能或用途				

（3）建设地区自然条件状况　包括地震级别、周围交通、地下管道等。

建设地点气象状况	气温	极端最高温度及期限		最大雨量及雨季时间	
		极端最低温度及期限		最大风力、风向及发生时间	
	最大雪量及发生时间			冬季土的冻结深度	
工程水文地质状况 工程水文地质状况	地质构造				
	土性质和类别			施工区域水准点及绝对标高	
	地基土承载力			地下水位标高及流向	
施工区域环境	周围道路				
	场区管线				
当地资源供应情况	工程用主材供应情况				
	电力供应情况				
	通信、网络情况				
	水资源供应情况				

（4）工程特点及项目实施条件分析（特点、难点、新技术）

序号	组织管理重点／施工管理难点／新技术应用	具体分析	应对措施	责任人
1				

3. 施工部署和施工方案

（1）项目管理组织　可以使用表格，也可以使用组织图＋职责说明表来表现

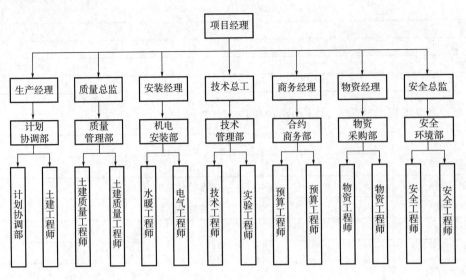

项目组织机构图

（2）项目管理目标

项目管理目标名称	目标值
工期	
质量目标	
安全目标	
节能目标	
环保施工、CI 目标	

（3）总承包管理（总承包范围内的分包工程、总包合同范围）

（4）工程施工程序　将施工部位划分区段，列出区段间的施工顺序

（5）各项资源（人、机械、大宗材料）的供应方式

工程名称	机械设备名称	数量	提供方式	进场时间	出场时间	责任人

（6）项目总体施工方案

4. 施工准备工作计划

（1）施工准备工作计划具体内容（技术、劳动力、物资、现场）

（2）施工准备工作计划

技术准备计划：

序号	准备工作内容	负责人	协助单位	完成日期
1	规范标准等文件配备			
2	施工组织设计编制计划和建立台账			
3	编制技术交底计划和建立其台账			
4	编制深化设计计划			
5	落实图样会审计划			

（续）

序号	准备工作内容	负责人	协助单位	完成日期
6	编制施工试验计划和建立其台账			
7	编制技术复核（工程预检）计划			
8	编制施工资料管理计划和建立其台账			
9	测量设备配备计划编制和建立台账			
10	特殊过程、关键过程控制			
11	** 施工方案编制			
12	第 ** 次图样会审			

现场准备计划：

序号	设施名称	种类	数量	规模	设施类型	完成时间	责任人
1	办公用房	现场临建					
2	标养室	现场临建					
3	门卫室	现场临建					
4	厕所	现场临建					
5	钢筋加工场	生产临建					
6	钢筋原材堆场	生产临建					
7	钢筋成品堆场	生产临建					
8	木工加工棚	生产临建					
9	模板堆场	生产临建					
10	消防水泵房及水池	生产临建					

5. 施工总平面规划（布置方法详见"怎样做现场平面布置"一节）

（1）施工总平面布置的原则

（2）施工总平面布置的依据

（3）施工总平面布置的内容

（4）施工总平面图设计步骤

（5）施工总平面管理

6. 施工总资源计划

（1）劳动力需用量计划　使用定额或者根据经验确定。

序号	单项工程名称	总劳动量/工日	需要量计划（工日）																	
			** 年								** 年									
			5月	6月	7月	8月	9月	10月	11月	12月	1~2月	3月	4月	5月	6月	7月	8月	9月	10月	11月	12月
1	地下结构																				
2	主体结构																				
3	二次结构																				
4	装修（粗）																				
5	水电安装																				
6	门窗安装																				
7	外墙工程																				
8	土方回填																				

（2）施工工具需要量计划

序号	使用单位（项）工程名称	设备名称	型号／规格	电功率/kW	需要量/台	进场时间
1	结构工程	剥肋滚压直螺纹机				
2	结构工程	钢筋切断机				
3	结构工程	钢筋弯曲机				
4	结构工程	钢筋调直机				
5	结构工程	交流电焊机				
6	结构工程	空压机				
7	结构工程	插入式混凝土振捣器				
8	结构工程	平板式混凝土振捣器				
9	结构工程	圆刨机				
10	结构工程	木工平刨机				
11	结构工程	木工压刨机				
12	结构工程	木工圆锯机				
13	机电安装工程	台钻				
14	机电安装工程	电动套丝机				
15	机电安装工程	弯管机				
16	机电安装工程	交流电焊机				
17	机电安装工程	砂轮机				
18	机电安装工程	金属切割机				
19	机电安装工程	冲击钻				
20	机电安装工程	管道沟槽机				
21	机电安装工程	电动试压泵				
22	机电安装工程	单平咬口机				
23	机电安装工程	联合咬口机				
24	机电安装工程	风管自动生产线				
25	机电安装工程	折方机				

（3）原材料需要量计划

序号	单位（项）工程名称	材料名称	需要量		需要时间
			单位	数量	
1	主体结构	防水卷材	卷（10m²）		
2		钢筋	t		
3		混凝土	m³		
4		砌块	m³		
5	装饰装修工程	腻子	t		
6		保温板	m²		
7		涂料	桶		
8	机电安装工程	电线、电缆	m		
9		开关插座面板	个		
10		镀锌钢管	m		
11		PPR 管	m		
12		柔性排水铸铁管	m		
13		阀门	个		

（4）成品、半成品需要量计划

序号	周转材料名称	规格型号	单位	数 量	责任人
1	模板				
2	木方				
3	钢管				
4	扣件				
5	脚手板				
6	密目网				
7	安全平网				
8	U顶				
9	工字钢				
10	对拉螺杆				

（5）施工机械、设备需要量计划

工程名称	机械设备名称	数量	提供方式	进场时间	出场时间	责任人
	塔式起重机					
	施工电梯					
	汽车泵					
	车载泵					
	轮式起重机					
	数控箍筋加工机					
	钢筋调直机					
	钢筋切断机					
	砂轮切割机					
	直螺纹套丝机					
	交流弧焊机					
	钢筋弯曲机					

（6）生产工艺设备需要量计划

（7）大型临时设施需要量计划

7. 施工总进度计划

（1）施工总进度计划编制（详见"怎样编制工程总进度计划"一节）

（2）总进度计划保证措施 包括工期目标分解、职责分工、组织、技术、经济、合同措施等。

8. 降低施工总成本计划及保证措施

包括材料、机械、人工、周转料具、现场经费、索赔、水电、风险控制措施。

9. 施工总质量计划及保证措施

工程施工质量目标及目标分解、项目质量管理组织机构和职责分工、关键过程和特殊过程控制、项目施工质量控制点、现场质量管理制度、现场质量管理保证措施（组织、技术、经济）。

10. 职业安全健康管理方案

安全管理目标、安全管理组织机构和职责分工、重大危险源、资源配置计划、施工现

场安全生产管理制度、职业健康安全保证措施。

11. 环境管理方案

环保目标、组织机构、施工环保事项和措施。

12. 项目风险总防范

划分风险类别、识别风险因素、评价风险概率和后果，风险管理的内容详见"项目管理基本知识"一节。

13. 项目信息管理规划

内部沟通计划、外部沟通计划、文件传递、管理流程等。

14. 主要技术经济指标

（1）施工工期

（2）项目施工质量

（3）项目施工成本

（4）项目施工消耗

（5）项目施工安全

（6）项目施工其他指标

15. 施工组织设计或施工方案编制计划

Q32 怎样编写施工方案

本小节以一个土方回填方案为例，介绍施工方案的结构和内容要点。

写施工方案，有两种方法。一种方法是从网上下载类似方案，改成自己项目的。另一种方法是列出施工方案的结构大纲，根据项目实际情况填充内容。第二种方法比较好。因为自己手动填一遍，和改别人的方案相比，最后对工程的感觉、理解是不一样的。改别人的方案，更像是一个体力活。而自己写方案，则是调动了自己的大脑去思考。改别人的方案，可能别人的错误也继承下来了。总之，方案尽量自己编写。当然，别人的方案里好的地方可以借鉴。

写施工方案，要了解好情况。要阅读相关规范、图集、图样，也要了解现场实际情况。一般是先看结构和建筑总说明，了解要求和依据的规范、图集。接着翻阅图样比对，然后

1 编制依据	1
2 工程概况	1
2.1 工程建设概况	1
2.2 设计概况	1
2.3 工程施工条件	2
3 施工安排	2
3.1 管理技术人员设置	2
3.2 项目管理目标	3
3.3 各项资源供应方式	4
4 施工进度计划	4
5 施工准备与资源配置计划	4
5.1 施工准备计划	5
5.2 资源配置计划	5
6 施工方法及工艺要求	6
6.1 施工工艺流程	6
6.2 施工要点	6
6.3 质量标准	8
7 质量管理	9
8 进度管理	9
9 安全管理	9
10 环境管理	11
11 成品保护	12

去现场看看。了解的情况越多，写的方案越好。

　　写施工方案，要和他人沟通。劳务单位经验丰富，可以和他们商量。有些材料是劳务队伍的，他们用什么规格的材料要提前问好。不要出现自己的模板架方案是碗扣式的，结果现场队伍使用承插式的情况。商务部门那里有大致的工程量消耗量定额信息，物资部门那里有材料进场的时间。总之，要多和相关方交换意见。

　　施工方案，要注意在过程中修改。现场好的方法要吸收，现场做不了的措施要修改。施工方案要有指导性，不能写好了就束之高阁。

　　施工方案的基本结构及各部分内容要点：

1. 编制依据

列表说明编制依据，注意规范要用最新的。

序号	类别	文件名称	编号
1	国家行政文件	中华人民共和国建筑法	中华人民共和国主席令第 91 号
2		中华人民共和国环境保护法	中华人民共和国主席令第 22 号
3		中华人民共和国安全生产法	中华人民共和国主席令第 13 号
4		中华人民共和国消防法	中华人民共和国主席令第 4 号
5		建设工程安全生产管理条例	国务院令第 393 号
6		生产安全事故报告和调查处理条例	国务院令第 493 号
7	国家标准 / 建筑工程行业建设标准	工程测量标准	GB 50026—2020
8		建筑地基基础工程施工质量验收标准	GB 50202—2018
9		建筑施工高处作业安全技术规范	JGJ 80—2016
10		施工现场机械设备检查技术规范	JGJ 160—2016
11		建筑施工安全检查标准	JGJ 59—2019
12	设计文件	凭海临风七期（3-2 区）结构图	
13		凭海临风七期（3-2 区）建筑图	
14	企业标准	中建八局标准化手册	2017 版

2. 工程概况

分为工程建设概况、设计概况和现场施工条件三部分。

工程建设概况，列表说明：

工程名称		工程性质		
建设规模		工程地址		
总占地面积		总建筑面积		
建设单位		项目承包范围		
设计单位		主要分包工程		
勘察单位		合同要求	质量	
监理单位			工期	
总承包单位			安全	
工程主要功能或用途				

设计概况要详细说明不同部位的具体要求：

2.2 设计概况

本工程需回填的区域为车库顶板、高层肥槽、车库负二层地下室地面、多层基础、多层一层无楼板的房间地面、网点一层地面。

2.2.1 车库顶板建筑做法

1. 素土回填至与园林交接标高

2. 土工布过滤层(≥200g/m²)

4. 20 高塑料排水板,凸点向上

5. 防水保护层及防水保护层以下做法

2.2.2 地下室外墙建筑做法

1. 回填土分层夯实

2. 50 厚挤塑聚苯板

3. 防水及防水以内做法

2.2.3 地下室-2层有回填土房间、-2层车库地面建筑做法

1. 地面面层

2. 回填土夯实,压实系数不小于 0.95

3. 防水板及防水板以下做法

2.2.4 多层基础

回填素土分层夯实,压实系数大于等于 0.94。

2.2.5 多层室外

土方开挖至指定标高后交接给园林单位。

设计概况范例

现场施工条件说明现场的道路、场地的具体情况。

3. 施工安排

主要内容包括:

确定项目管理小组或人员,表达形式如下表所示。

序号	管理职务	姓名	职称(资质)	职责和权限
1	……	……	……	……
2	……	……	……	……

说明项目管理目标,表达形式如下表所示。

项目管理目标名称	目标
进度目标	
质量目标	
安全目标	
节能目标	
环保施工、CI 目标	

说明各项资源安排方式,如下图所示。

3.3 各项资源供应方式

1）劳务资源安排一览表

序号	专业施工队名称	开始施工时间	建设工期	分包方式	责任人
1	青岛三林建筑劳务有限公司	2018年12月30日	182	包工及部分材料	郑重

2）施工机械供应安排一览表

施工机械名称	估计数量	提供方式	要求进场时间	计划出场时间	责任人
挖机	4台	劳务自有	2018.12.30	2019.6.30	赵阳
铲车	2台	劳务自有	2018.12.30	2019.6.30	赵阳
打夯机	6台	劳务自有	2018.12.30	2019.6.30	赵阳
小型压路机	4台	劳务自有	2018.12.30	2019.6.30	赵阳
渣土车	8台	劳务自有	2018.12.30	2019.6.30	赵阳
小金刚翻斗车	8台	劳务自有	2018.12.30	2019.6.30	赵阳

资源安排方式范例

4. 施工进度计划

划分施工区段，说明各部位的开始时间和完成时间。简单的计划用表格、文字说明即可，复杂的计划使用横道图或是网络图说明。

4　施工进度计划

地下室回填计划 2019 年 5 月 1 日开始，2019 年 5 月 31 日完成。

地下室外墙肥槽回填计划 2018 年 12 月 30 日开始，2019 年 1 月 22 日完成。车库顶板回填计划 2019 年 6 月 1 日开始，2019 年 6 月 30 日完成，具体以实际为准。

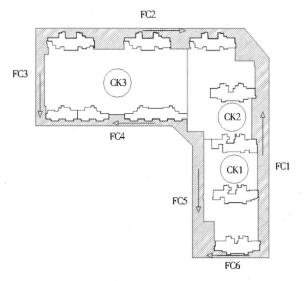

图 4.1　车库回填土示意图

回填区顺序依次为：肥槽 FC1、FC2、FC3、FC4、FC5、FC6。车库地面和车库顶板顺序依次为 CK1、CK2、CK3。

施工进度计划范例

67

5. 施工准备与资源配置计划

施工准备分为技术准备和现场准备，具体内容如下图所示。

5 施工准备与资源配置计划

5.1 施工准备计划

5.1.1 技术准备

表 5.1-1 技术文件准备计划一览表

序号	文件名称	文件编号	配备数量	持有部门
1	工程测量规范	GB 50026-2020	1	技术部
2	建筑地基基础工程施工质量验收规范	GB 50202-2018	1	技术部

5.1.2 现场准备

5.1 施工准备计划

（1）回填之前对地下结构、外墙防水卷材、外墙保温板，防腐、安装管道、车库顶板的防水保护层、排水板，土工布等隐蔽部位进行隐蔽验收。经验收合格后进行回填土施工。

（2）根据工程特点、填料土质、设计要求的压实系数、施工条件，进行必要的压实试验，确定填料含水量控制范围、铺土厚度、夯实或碾压遍数等参数。

回填土：素土。采用自卸汽车运输至施工现场。要求回填土中不能掺杂树根草皮腐质土壤等其他杂质。主要机具有：铲车、蛙式打夯机、压路机、手推车、翻斗车、木耙、铁锹、2m靠尺、胶皮管等。

劳动力准备：组织与回填机械相对应的回填土劳务人员，以满足完成回填的施工进度计划。

（3）编制施工技术交底，并向施工人员进行技术、质量、安全、环保文明施工交底。

资源配置计划要列表说明方案需要的人、材料、机械情况，列表形式如下图所示。

5.2 资源配置计划

（1）劳动力配置计划

序号	职务	人数
1	挖机司机	4人
2	测量员	2人
3	铲车司机	2人
4	渣土车司机	8人
5	小工	5人

（2）测量设备配置计划

序号	测量设备名称	分类	数量	使用特征	检定周期	保管人
1	DZS2	水准仪	2	良好	半年	
2	东宇	钢卷尺	4	良好	半年	
3	摩托罗拉	对讲机	6	良好	半年	

6. 施工方法及工艺要求

施工工艺要求需要说明施工步骤，复杂的施工工艺可以制作流程图说明。

6 施工方法及工艺要求

6.1 施工工艺流程

取土→土方运输→基土处理→分层摊铺→分层压（夯）密实→分层检查验收。

施工要点需要说明各环节的注意事项，对容易出问题的地方、重点部位等，要绘制施工图进行说明。

6.2 施工要点

（1）填土前检验土料质量、含水量是否在控制范围内：

回填土内有机质含量不超过5%，回填土严禁掺杂树根、草皮、腐殖土、建筑垃圾等杂物。土料含水量一般以手握成团、落地开花为适宜。当含水量过大时，采取翻松、晾干、风干、换土回填、掺入干土等措施，防止出现橡皮土。土料过干时，则预先洒水湿润，增加压实遍数等措施，各种压实机具的压实影响深度与土的性质、含水量和压实遍数有关，回填土的最优含水量和最大干密度，按要求经试验确定。

（2）基层处理：

1）场地回填前先清除基底上的垃圾、草皮、树根，排除积水、淤泥等杂物，并采取措施防止地表滞水流入填方区，浸泡地基，造成基土下陷。

施工要点——对各工序进行说明

（9）多层区域一层有楼板的房间，主体结构先施工基础层墙柱，水平施工缝留在板底。基础回填完成后施工结构板。

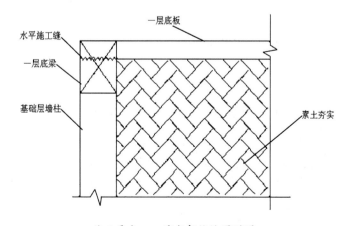

一层底板

水平施工缝

一层底梁

基础层墙柱

素土夯实

施工要点——重点部位绘图说明

质量标准要说明规范要求（主控项目和一般项目的抽检数量、检验方法和合格标准）以及相关的现场试验要求。

6.3 质量标准

填方施工过程中，随时检查标高、边坡坡度、压实程度等，检验标准符合下表规定。

项次	序号	项目	允许偏差或允许值					检验方法
			桩基坑基槽	场地平整		管沟	地(路)面基层	
				人工	机械			
主控项目	1	标高	-50	±30	±50	-50	-50	水准仪
	2	分层压实系数	按设计要求					按规定方法
一般项目	1	回填土料	按设计要求					取样检查或直观鉴别
	2	分层厚度含水量	设计要求					水准仪及抽样检查
	3	表面平整度	20	20	30	20	20	用靠尺或水准仪

（2）质量验收

1）检验批验收时提供下列资料：

1、土壤试验记录汇总表；

2、每层夯（压）密实后的干密度(或夯填度)试验报告和取样点位图；

3、土工回填（平整）工程检验批质量验收记录。

1）压实度检测：

1、击实试验：每种配比取 1 个组，每组取 2～5kg 样品。

2、回填压实系数检查方法与数量：采用环刀法取样时，基槽和管沟回填，每层按长度 20～50m 取样一组，但不少于一组；基坑和室内填土，每层按 100～500㎡ 取样一组，但不少于一组；场地平整填方，每层按 400～900㎡ 取样一组，但不少于一组；取样部位在每层压实后的下半部。

质量标准说明

7.质量管理措施

从人、材料设备、施工设备、施工方法、环境等角度说明管理措施。

8.安全防护和保护环境措施

针对项目特点，从施工现场环境、施工方法、劳动组织、机械、动力设备、变配电设施、架设工具以及各项安全防护设施等角度说明。

9.成品保护

要针对工程特点，指定有针对性的措施。

11 成品保护

（1）回填时，注意保护混凝土构件，防止碰撞损坏。

（2）施工时对外墙防水层、防水保护层等进行保护，有碰损的联系有关工长，待修好后再开始回填。

（3）对设备预留管处采用人工夯填，以免将管位移或变形。

（4）基槽回填分层对称进行，防止一侧回填造成两侧压力不平衡。

（5）夜间作业，合理安排施工顺序，设置足够照明，严禁汽车直接倒土入槽，防止铺填超厚和挤坏基础。

10.其他

对达到一定规模的、危险性较大的部分分项工程施工方案，必须附具详细的计算过程以及安全验算结果。

Q33 Word排版要点

投标文件、施工方案写完后，还需要花很多时间调整文档的字体、段落、图表的样式，以满足公司或是招标单位的要求。传统方法是用格式刷一处一处刷，比较费时费力。应用Word高级排版功能，可以帮助施工员节约改格式的时间。

1. Word排版流程

新建文档——设置页面布局——设置样式——添加文本、图片、表格等内容——设置编号——生成目录。

2. 使用主控文档功能进行多文档排版

工作中经常碰到需要合并 Word 文档的情况。比如大型的施工组织设计，经常是各部门写好之后再汇总。使用 Word 的主控文档功能，可以快速合并文档。

第一步：新建一个文档，点击"视图"——"大纲"。

第二步：点击"插入"，插入子文档。

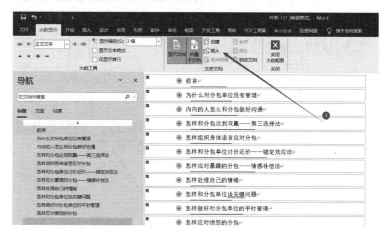

第三步：选中子文档，点击"取消链接"，将子文档的内容复制到主文档中。

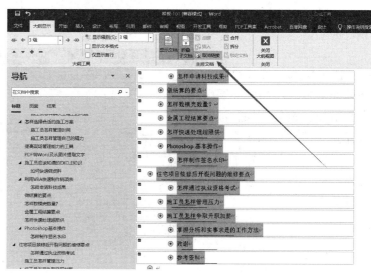

3.应用样式

工作中经常遇到需要将文章部分内容更改格式的情况。比如每一节最后一段改成斜体加下划线的效果。这可以使用"样式"这个功能来实现。

第一步：调整好一段的完成效果，选中段落，右键单击"样式"，选择"新建样式"，给样式起个名字。

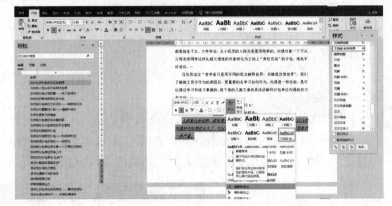

第二步：选择其他要修改的段落，单击"样式"工具栏中的相应样式。

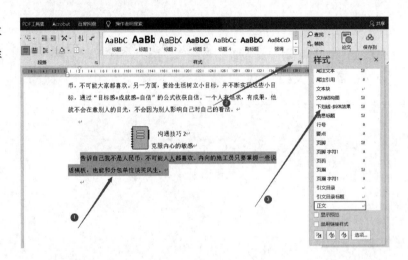

使用样式管理文档的好处非常多。比如领导要求再增加加粗的效果，没有样式的话，只能从头到尾改一遍。对于设置了样式的文档，只要修改样式就行了。

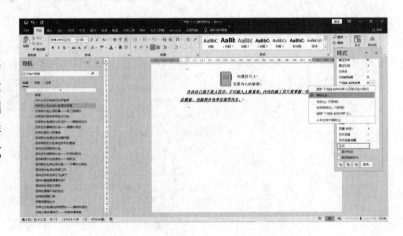

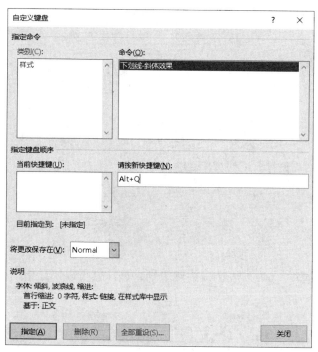

对于需要修改多处的，可以右键样式——选择"修改"——选择"格式"——选择"快捷键"，为样式设置快捷键，方便修改其他段落。

4. 设置标题多级编号

施工方案和投标文件对标题都有统一的格式要求。应用多级编号，可以自动添加编号，同时大大减少后期修改量。

设置多级编号。

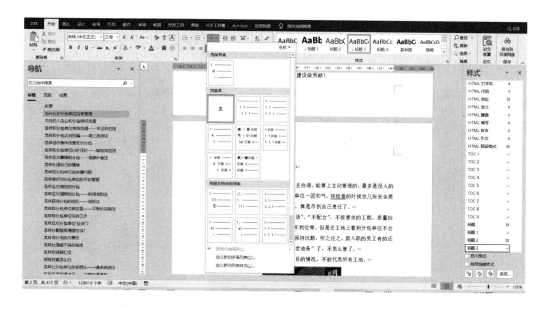

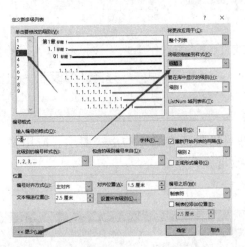

还可以点击"更多",为列表链接标题级别,这样就可以快速给小标题设置编号。

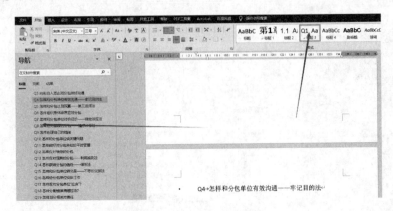

自动设置编号的效果。

Q34 安全技术交底内容和部分分项工程交底要点

有的施工员做安全技术交底，就是把施工方案复制到技术交底的表格里面。这样虽然看上去内容很全，但是没有重点，对于现场作业人员来说没有什么指导性。编制安全技术交底，应该按照一定的格式来，同时要做到突出重点。

1. 施工技术交底格式

1 施工准备

1.1 作业人员

方案上的劳动力配置是个大概的数，交底时应该根据实际来确定。培训要求、特殊作业人员持证上岗要求要说明清楚。

1.2 主要材料

说明工程所需材料的名称、型号、规格、材料质量标准；因为是指导现场施工，所以还要说明材料感官判定合格办法。

1.3 主要机具

1.3.1 机械设备

1.3.2 主要工具

要强调使用经检验合格的设备。

1.4 作业条件

2 施工进度要求

对具体施工时间、完成时间进行详细要求。方案上的时间，往往和实际有出入，交底的时候，要按照现场时间调整要求的时间。

3 施工工艺

3.1 施工流程

详细列出施工工序和顺序。可以做一个流程图，方便交底。

对现场工人技术交底。

3.2 施工要点

对施工要点进行叙述，并说明要求。

4 控制要点

4.1 重点部位和关键环节

说明特殊部位、细部处理要求。对容易出问题的工艺，多用图，还可以使用BIM软件建立三维模型交底。

4.2 质量通病的预防及措施

针对本工程具体特点提出。可以举一些质量事故的例子，质量问题的照片等，给作业人员加深印象。

5 成品保护

对上道工序和本道工序都提出成品保护要求。

6 质量保证措施

从人、材、机、法、环等方面，提出具体的、有针对性的保证措施。

7 安全注意事项

7.1 安全防护设施要求

7.2 个人防护用品要求

7.3 作业人员安全教育要求

7.4 项目安全管理规定

7.5 特种人员持证上岗规定

7.6 应急响应、隐患报告要求

7.7 机具、机械安全使用要求

7.8 用电安全要点

7.9 相关危害因素预防要求

7.10 文明施工要求

7.11 防火、季节性施工要求

8 环境保护措施

9 质量标准

9.1 主控项目

9.2 一般项目

列出规范要求，写明抽样数量、检验方法、合格标准。

9.3 质量验收

提出自检、互检、班组长检的要求。

2. 部分分项工程技术交底重点

序号	分项工程	交底重点
1	土方工程	挖填土的范围和深度、放边坡的要求；回填土与灰土夯实方法、压实指标；地基土的性质；排水方法
2	砌体工程	轴线位置；1m线位置；门窗、预留洞口、构造柱、圈梁、压顶位置；材料要求
3	模板工程	支模方案和技术要求；支撑系统的强度、稳定性具体技术要求；拆模时间；预埋件、特殊部位说明
4	钢筋工程	接头方法和技术要求；保护层要求；钢筋固定防位移要求；钢筋代换的手续；特殊部位处理
5	混凝土工程	不同部位混凝土强度等级、品种；坍落度要求；浇灌和振捣的顺序、方法；养护方法；施工缝位置；大体积混凝土温度控制措施；抗渗混凝土养护措施；混凝土试块留置
6	架子工程	材料尺寸质量标准；架子搭设技术要求；验收方法；与建筑物拉结方式；拆除方法
7	吊装工程	构件的型号、重量、数量、吊点位置；吊装设备的技术能力；吊装顺序和吊装方法；指挥与协作配合方法；节点连接方式；构件支撑系统连接顺序与连接方法；整体稳定性技术措施；吊装操作注意事项
8	钢结构工程	连接方法与技术措施；焊缝形式、位置及质量标准；工艺流水作业顺序
9	楼地面工程	做法、技术要求；施工顺序；特殊部位的施工工艺
10	屋面与防水工程	防水做法；防水材料型号、质量标准；保温层材料技术要求、铺贴方法；各种节点做法；抗渗混凝土技术要求
11	装修工程	不同部位的做法；质量要求；成品保护要求；交叉作业配合要求

Q35 怎样学习平法

1. 理解平法原理

平法主要思想是将钢筋共性和个性的信息抽象出来分别表示。不同的构件，具体的钢筋数量、尺寸是不同的，这是构件的个性；但是不同构件的钢筋的连接方法、在节点锚固的形式等是相同的，是共性。共性抽象出来，就是一个个节点详图和构造规则，不同构件钢筋具体数量和尺寸等个性信息则体现在具体标注上。

2. 理解锚固长度

平法中有受拉钢筋基本锚固长度、锚固长度、抗震基本锚固长度、抗震锚固长度，这些数有好几个表和修正，容易混淆，而这些数使用的地方很多，必须搞清楚。

首先是区别直锚和弯锚，两者的受力机理不同，所以确定长度的公式不一样。查节点详图时，要注意弯锚锚固长度由钢筋伸入混凝土平直段长度和弯钩段长度共同确定。

直锚的时候，为了保证直径为 d 的钢筋不被拉出，受拉钢筋基本锚固长度为 l_{ab}，要求满足混凝土对钢筋的握裹力大于等于钢筋被拉断的力：

$$f_t \times S_1 \ge f_y \times S_2$$
$$S_1 = \pi d \times l_{ab}$$
$$S_2 = 0.25 \times \pi d^2$$

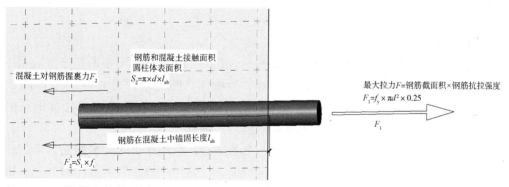

式中　f_t——混凝土抗拉强度；

S_1——插入混凝土的钢筋表面积，钢筋是个圆柱体；

f_y——钢筋的抗拉强度；

S_2——钢筋的截面积，是个圆形。

将面积公式带入后，可以得到：

$$f_t \times \pi d \times l_{ab} \ge f_y \times 0.25 \times \pi d^2$$

整理后得到：

$$l_{ab} \ge \frac{f_y}{f_t} \times 0.25 \times d$$

以上公式是我们把钢筋简化为圆柱体得到的，实际上钢筋有带肋，因此公式应该是这样：

$$l_{ab} = \alpha \times \frac{f_y}{f_t} \times d$$

α——和钢筋外形有关的系数。

意思是受拉钢筋基本锚固长度和钢筋的外形、钢筋抗拉强度、混凝土强度、钢筋直径有关。

从基本锚固长度 l_{ab} 出发，考虑地震，就出现了抗震设计时基本锚固长度 l_{abE}；考虑钢筋直径不同时，钢筋外形系数 α 不一样，就有了锚固长度 l_a。观察《国家建筑标准设计图集16G101-1》中锚固长度 l_a 的表格可以发现，直径小于 25 的，锚固长度和 l_{ab} 一样；直径大于 25 的另外给了数。从锚固长度 l_a 出发，考虑地震效应，有了 l_{aE}。

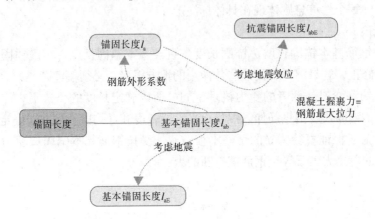

实际工作中，我们先查图集节点，看看锚固长度是哪个参数，然后查对应的表，接着根据表下方的说明进行修正，就可以得到需要的锚固长度。

3.理解钢筋连接

首先看钢筋搭接连接的原理。受拉钢筋搭接连接时，相当于把两根钢筋分别锚固在混凝土里面，当钢筋之间重叠部分长度大于锚固长度时，两根钢筋都得到了有效的锚固，也就是说钢筋连接质量得到了保证。

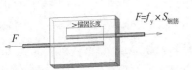

换一个角度看，搭接连接的两根钢筋，当它们没有重合部分时，拉其中一根钢筋，能传给另外一根钢筋的最大的力数值只有混凝土截面积乘以混凝土抗拉强度的大小。

当两根钢筋有部分重合时，可以通过重合长度范围内的混凝土的握裹力传递作用在钢筋上。当搭接长度很短时，把两根钢筋拉开的力小于把钢筋拉断的力，当这个重合距离大于锚固长度时，把钢筋拉断，却不会把两根钢筋拉开，这样两根钢筋就是有效连接了。

接着看连接区段长度。同一截面上钢筋数量多时，受力后更加容易被破坏，因此搭接要错开。首先是相邻的接头要错开，接着是构件中一定长度范围内的接头数量要有限制。钢筋搭接连接的长度查得到后，乘以1.3，就是连接区段长度。两个相邻的接头，一个接头的中心到另外一个接头的边的距离要大于连接区段长度；在一个连接区段范围内，接头的百分比要有限制，这就是平法图集中钢筋连接那幅图的含义。

最后再理解一下柱钢筋的非连接区的概念。柱子的中点位置弯矩为零，越靠近节点弯矩越大。所以柱子钢筋只能在中部连接，节点附近作为非连接区。

地震作用

4. 理解梁的注释

梁截面中钢筋类型比较多，刚开始不好理解。为此，一方面要多看施工制图规则中有梁钢筋截面表示的那幅图，对照着平法注释加深理解。比如支座钢筋左右一样的，可以只写一边；梁集中标注中钢筋的信息是上部通长筋等。

另外一方面，从梁的受力角度把握各种钢筋关系。回忆一下梁的受力图，梁的弯矩一般是支座和跨中最大，支座处上部钢筋受拉，中间位置下部钢筋受拉。所以梁配筋时，支座上部钢筋很多，这些钢筋锚固在节点里面。中间部位上部钢筋受压，所以有两根架立筋就够了。对于下部钢筋，中间位置受拉最大，钢筋最多；到了节点附近，钢筋变成受压，所以下部钢筋伸入支座就行，有时候还会减少伸入支座的钢筋数量，不全部伸入支座。

对于梁来说，一般节点部位上部钢筋受拉，中间部位下部钢筋受拉，所以梁的上部钢筋在中间段连接，梁下部钢筋不在中间段连接。

Q36 悬挑脚手架设计方法

1. 确定脚手架参数和悬挑层位置

悬挑脚手架搭设一般采用 $\phi 48.3 \times 3.6$ 钢管，立杆纵距不大于 1.5m，横距为 0.8m，步距为 1.8m。沿脚手架立面上连续设置剪刀撑，与地面夹角 60°。住宅标准层高 2.9m 左右，拉结点每层每三跨一设，计算时按照两步三跨进行保守计算。

内侧立杆距建筑物净距 0.3m，外侧立杆距工字钢端部不小于 100mm。悬挑梁为 16 号工字钢，悬挑梁前端每跨均采用 $\phi 14$ 钢丝绳进行吊拉作为安全储备。

悬挑层的设置，按照避开线条，方便施工的原则设置。第一个悬挑层结合主体结构底部的落地式脚手架高度确定。中间要保证两个悬挑层之间距离小于 20m。因为超过 20m 的悬挑脚手架需要组织专家论证。

2. 平面工字钢布置设计

（1）大面工字钢布置

1）在 Auto CAD 软件中，先用"PL多段线"命令，画出主体结构边线。

2）使用"offset"命令，将结构边线偏移300，确定内侧立杆的位置。立杆内侧离墙的距离，大了不利于做层间防护，小了在安装和拆除外墙模板的时候比较麻烦，一般取300。

3）使用"offset"命令，将内侧立杆围成的线偏移800，确定外侧立杆的位置。这个800是脚手架的横距。

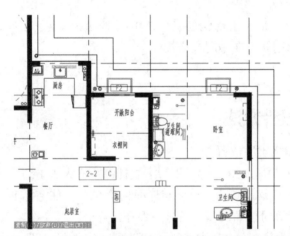

4）绘制工字钢单元。从外侧立杆往外100是工字钢的端点。从端点到结构梁中线的距离，是悬挑长度。悬挑长度乘以1.25是锚固长度。可以使用"SC 缩放"命令，基点为工字钢外部端点，比例为2.25，绘制工字钢。画好后根据模数取整数，在工字钢上画上立杆位置，标注工字钢尺寸。

5）绘制其他工字钢。使用"复制"命令，间距1.5m复制工字钢单元，完成大面绘制。然后标注脚手架各立杆间距。

有条件的项目，可以按照上述步骤，使用 Revit 软件在结构模型中设计工字钢布置，这样既方便统计工字钢和锚固件的数量，也能看到工字钢和结构之间的影响关系。

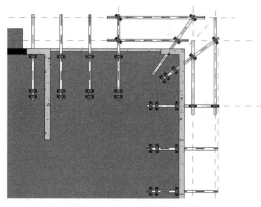

在结构平面中布置工字钢和锚固件

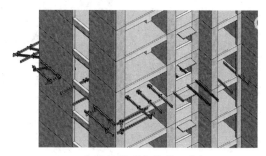

在结构模型中绘制工字钢，
方便观察工字钢布置是否合理

（2）特殊位置工字钢布置

1）结构转角位置布置工字钢时，可以在悬挑钢梁上架设次梁，保证立杆有底座。

具体设计时，转角两侧的工字钢也要根据现场调整。如右图所示，斜向的悬挑工字钢为了保证锚固长度，伸入结构内侧的距离是一定的。左侧的工字钢要避让斜向的工字钢，导致这个工字钢应该支撑的立杆没有了底座。这时候需要在这个工字钢上面增加连梁。

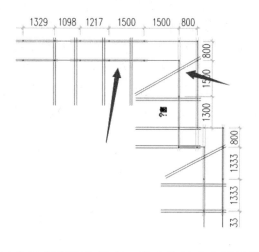

2）施工电梯需要在拆除工字钢和脚手架后安装，因此设计工字钢不需要考虑施工电梯。需要注意的是脚手架拆除后，施工电梯位置两侧变成了开口式脚手架，需要在开口位置有预埋拉结点。这个拉结点在设计阶段要考虑到。

3）住宅项目一般东西单元有连廊相连，连廊和主体之间有天井洞口。实际施工时，一般在连廊和主体之间搭设工字钢，工字钢上搭架子。这个工字钢属于两侧都有支撑的工字钢，不是悬挑的了。

3. 脚手架立面设计

（1）剪刀撑设计

1）每道剪刀撑宽度不应小于 4 跨，且不应小于 6m，斜杆与地面的倾角宜在 45°~60° 之间。每道剪刀撑跨越立杆的根数应按下表规定确定：

剪刀撑斜杆与地面的倾角 α	45°	50°	60°
剪刀撑跨越立杆的最多根数 n	7	6	5

2）悬挑架的剪刀撑应自下而上连续设置。

3）施工电梯位置拆除架体后，形成了开口，需要设置横向支撑。

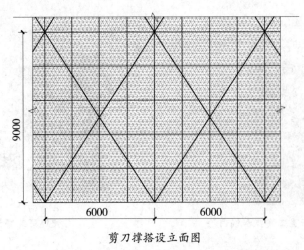

剪刀撑搭设立面图

（2）立面挑网设计　在脚手架采用密目式安全立网（简称密目网）全封闭的基础上，必须在脚手架外侧四周加设外挑式安全网，在离地高度10m处搭设第一道网，并在每间隔20m处搭设一道。外挑网宽3.6m，外挑水平角为20°，每道外挑式安全网为双层，在底层平网上再加铺一层密目式安全立网，网片之间应采取绑扎等形式有效连接。外挑式安全网外沿应采用钢管固定双层网网纲，内沿与脚手架架体固定连接，外挑式安全网设钢管斜支撑杆，其间距为3m，支撑角度60°，水平横杆间距3m，支撑杆件下端应支撑固定在脚手架上，详见下图。

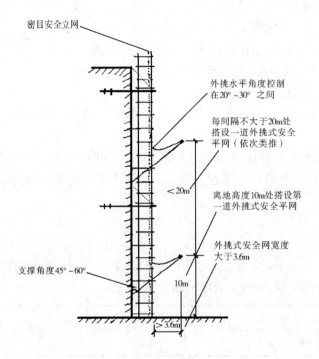

外挑式安全网搭设示意图

4.计算单元的选取

现在脚手架一般使用专门的安全软件计算，要求选好计算单元。

1）工字钢弯矩最大位置，取悬挑端最长情况。

2）U型钢筋受力最大位置，取锚固段最短情况。

3）次梁受力情况验算，取主梁间脚手架立杆数量最多的情况。

使用软件计算时，一定要提前阅读软件操作说明。

5. 一些范例

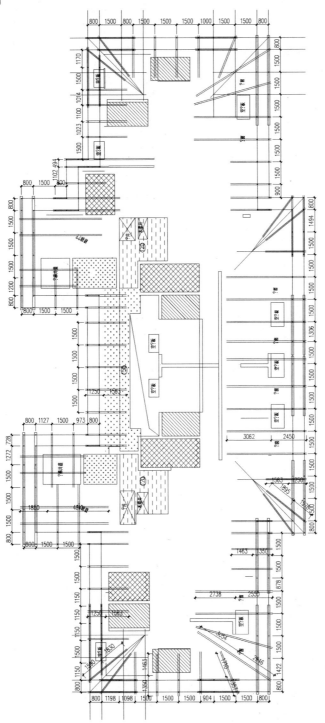

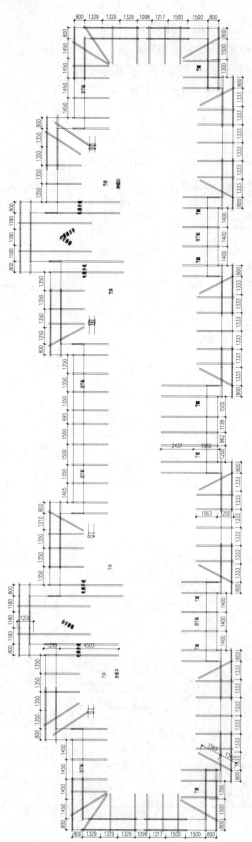

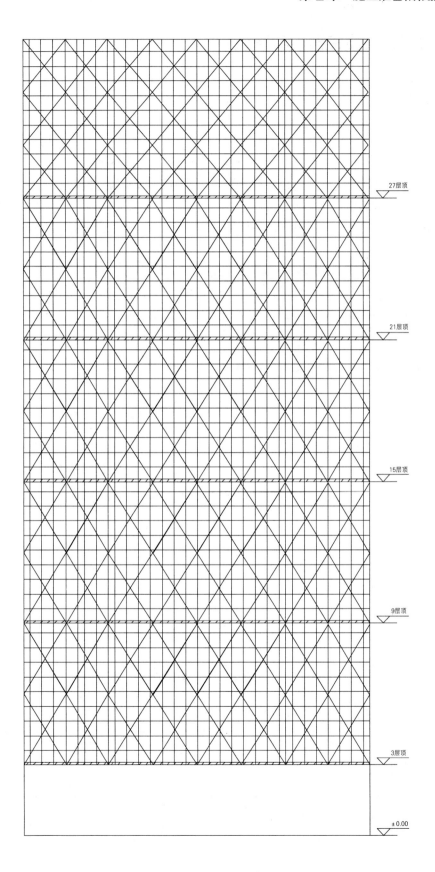

Q37 模板及其支撑架设计要点

基本思路：

1）了解混凝土构件尺寸信息。

2）选取计算模型。

3）分类别设计模板和支撑架参数。

4）使用软件复核，调整参数，最终确定一个经济安全的参数。

下面以一个项目的地下室的模板和支撑架设计为例进行详细说明。

1. 了解层高信息

本例中地下室层高变化比较多，采用列表法，结合节点详图，列出所有层高。

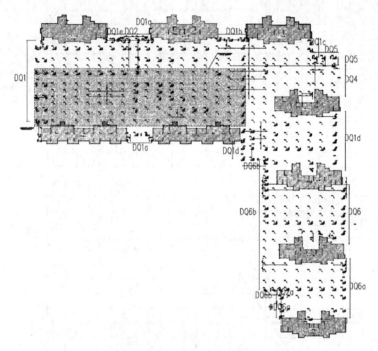

地下室外墙定位图

层高表：

（单位：m）

	负一层顶标高	负二层顶标高	基础顶标高	负一层层高	负二层层高
DQ1 区域	20	16.1	12.55	3.9	3.55
DQ1A 区域	20.9	17	13.3	3.9	3.7
DQ2 区域	无负一层	17	13.3	无负一层	3.7
DQ2A 区域	无负一层	16.9	13.3	无负一层	3.6
DQ1B 区域	21.5	17.3	13.75	4.2	3.55
DQBC 区域	21.7	17.8	14.25	3.9	3.55
DQBD 区域	21.7	16.9	13.35	4.8	3.55

（续）

	负一层顶标高	负二层顶标高	基础顶标高	负一层层高	负二层层高
DQ1E 区域	20	16.5	12.55	3.5	3.95
DQ4 区域	21.7	无负二层	14.25	7.45	无负二层
DQ6 区域	21.7	17.3	13.35	4.4	3.95
DQ6A 区域	21.7	18.2	14.25	3.5	3.95
DQ6B 区域	20.8	17.3	13.35	3.5	3.95
1 号楼	−0.13	−5.57	−8.73	5.44	3.16
2 号楼	−0.13	−6.17	−9.68	6.04	3.51
3 号楼	−0.13	−6.17	−9.68	6.04	3.51
4 号楼	−0.13	−5.27	−9.68	5.14	4.41
5 号楼	−0.13	−5.87	−9.83	5.74	3.96
6 号楼	−0.13	−5.87	−9.53	5.74	3.66
7 号楼	−0.13	−5.57	−9.08	5.44	3.51
8 号楼	−0.13	−5.17	−9.18	5.04	4.01
9 号楼	−0.13	−5.17	−9.18	5.04	4.01

2. 了解混凝土构件尺寸

地下室构件数量多，可以找商务部分出一份构件表。

主要构件尺寸表如下所示。

序号	项目	部位	尺寸
1	顶板厚度	地下二层	150mm（车库）、130mm（主楼）
		地下一层	150mm（车库）、180mm（主楼）
2	顶梁	地下二层	1. 主肋梁截面尺寸：450mm（梁底宽）/570mm（梁顶宽）×400mm（梁高） 2. 次肋梁截面尺寸：［150mm（梯形下底)/280mm（梯形上底）×450mm（梯形截面高）］ 3. 主楼梁（mm×mm）：250×450、250×400、200×400、180×400
		地下一层	1. 主肋梁截面尺寸：450mm（梁底宽）/650mm（梁顶宽）×600mm（梁高） 2. 次肋梁截面尺寸：150mm（梯形下底)/280mm（梯形上底）×600mm（梯形截面高） 3. 主楼梁（mm×mm）：250×850、200×850、200×500、200×810、200×660、200×500、200×450、250×400、200×400、180×400、250×500
3	柱	地下二层	500mm×600mm、500mm×500mm、500mm×700mm、500mm×600mm、400mm×700mm、900mm×600mm、500mm×375mm、600mm×600mm、500mm×800mm
		地下一层	
4	墙	地下二层	300mm、350mm、250mm（车库） 300mm、250mm、200mm（主楼）
		地下一层	
5	梁最大跨度	地下二层	7.7m
		地下一层	7.7m
6	柱帽	地下车库	2200mm×2200mm×900mm、2200mm×1100mm×900mm、2200mm×2200mm×600mm、2200mm×1100mm×600mm、2200mm×1100mm×900mm

3. 选取计算模型

根据工程的结构构件尺寸，选取计算模型。一般是选一个能代表大面的构件，一个特殊的构件（如层高比较高的柱）根据实际情况选取。

柱的计算模型：

序号	名称	尺寸	特征	代表的部位
1	Z1	600mm×900mm×6.04m	截面尺寸大于800mm	1~9号楼主楼柱、车库柱
2	Z2	600mm×600mm×7.45m	层高为7.45m	车库DQ4区域柱

梁的计算模型：

序号	名称	尺寸	备注	代表的部位
1	L1	450mm×750mm	将车库主肋梁梯形按照面积相等原则转换为矩形	车库主肋梁
2	L3	250mm×800mm	主楼内	宽度≤300mm，高度≤800mm的梁

楼板的计算模型：

序号	名称	尺寸	特征	代表的部位
1	B1	180mm厚	层高6.04m	主楼所有楼板
2	B2	350mm厚（其中楼板厚度150mm，次梁折算厚度200mm）	将次梁体积计入车库板，验算架体稳定性	车库板

墙的计算模型：

序号	名称	尺寸	特征	代表的部位
1	Q1	350mm厚	层高7.45m	所有墙

柱帽的计算模型：

序号	名称	尺寸	特征	代表的部位
1	ZM1	2200mm×2200mm×900mm		所有柱帽

为提高安全系数，钢管计算时按照48mm×3.0mm计算。

4. 分类别设计模板和支撑架参数

提前和主体队伍协商，结合施工经验，暂定一组参数。

柱模板参数：

序号	项目	参数及用材（布置）	备注
1	模板	15mm	

（续）

序号	项目	参数及用材（布置）	备注
2	木方	50mm×70mm，间距小于等于250mm，50面贴模板	
3	抱箍	双钢管，起步150mm，其余间距500mm	
4	对拉螺栓	每边设置一道14对拉螺栓	

现场使用的模板和木方尺寸一般为15mm和50mm×70mm。应提前与主体队伍联系，确认他们使用的模板和木方的尺寸。

柱模传力顺序为模板——木方（次龙骨）——抱箍（主龙骨）。

柱模木方间距一般小于300mm。

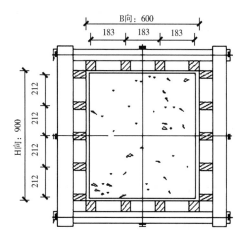

梁模板参数：

主楼内梁（宽度不大于300mm，高度不大于900mm的梁）：

序号	项目	参数及用材（布置）	备注
1	模板	15mm	
2	梁底模次龙骨	50mm×70mm，平行于梁跨方向，间距小于200mm，50面贴合模板	
3	梁下支撑架	与楼板支架一起搭设 梁底增加1根承重立杆，间距900mm，梁底支撑小横杆间距900mm	
4	梁侧次龙骨	50mm×70mm木方，间距不大于200mm	
5	梁侧主楞	双钢管，间距400mm， 14的对拉螺杆1根，梁跨方向间距400mm	

主肋梁：

序号	项目	参数及用材（布置）	备注
1	模板	15mm	
2	梁底模次龙骨	50mm×70mm，平行于梁跨方向，间距小于200mm，50面贴合模板	

（续）

序号	项目	参数及用材（布置）	备注
3	梁下支撑架	与楼板支架一起搭设 梁底增加 2 根承重立杆，跨度方向间距 1000mm 梁底增加支撑小横杆，间距 450mm	
4	梁侧	模壳	

次肋梁：

序号	项目	参数及用材（布置）	备注
1	模板	15mm	
2	梁底模次龙骨	50mm×70mm，平行于梁跨方向，间距小于 300mm，50 面贴合模板	
3	梁下支撑架	与楼板支架一起搭设	
4	梁侧	模壳	

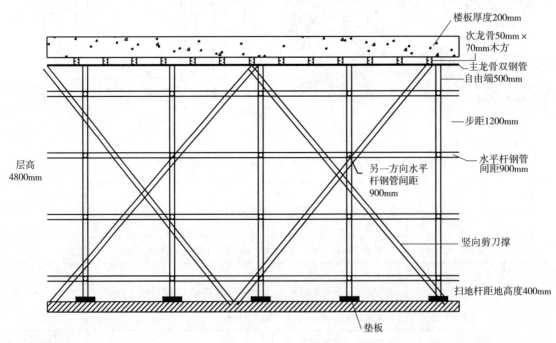

楼板：

序号	项目	参数及用材（布置）	备注
1	模板	15mm	
2	次龙骨	50mm×70mm，间距 300mm	
3	主龙骨	双钢管	
4	支撑架	纵横 0.9m、步距 1.2m	

柱帽：

序号	项目	参数及用材（布置）	备注
1	模板	15mm	
2	次龙骨	50mm×70mm，间距 200mm	
3	主龙骨	双钢管	
4	支撑架	纵横 0.5m、立杆步距最下方一步 0.9m，之后按照步距 1.2m	

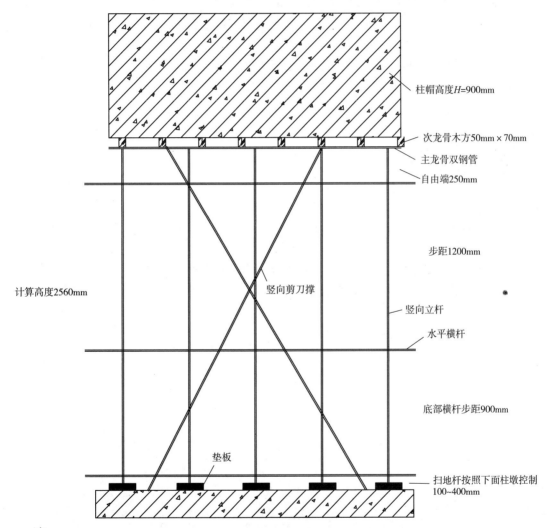

墙：

序号	项目	参数及用材（布置）	备注
1	模板	15mm	
2	木楞	50mm×70mm，间距为 200mm	

（续）

序号	项目	参数及用材（布置）	备注
3	抱箍	200mm 处起，向上间距依次为 500mm、500mm、600mm、600mm、600mm、600mm……最上方一道距离墙顶 200mm	为方便模板开孔，间距可以根据所采购的模板尺寸调整，但不应大于方案给的间距
4	穿墙螺杆	A14 水平间距 600mm	为方便模板开孔，间距可以根据所采购的模板尺寸调整，但不应大于方案给的间距

5. 使用软件复核，调整参数

使用软件，不断调整模板和支撑架的参数，最终确定一个安全上稍有富余、经济上比较合理的参数。不要只为了安全，将龙骨和支撑架布得很密，否则主体队伍不按照方案施工，施工方案就失去了指导的意义。

计算荷载参数的选取，要仔细阅读软件操作说明，并查询相关规范。

对梁构件，既要验算侧模，也要验算底模。

2.2 BIM技术应用

Q38 BIM技术在工程施工阶段的应用

目前 BIM 技术主要用于安装碰撞检查和投标阶段效果展示，对工程施工阶段的指导作用不是很大。而随着时代的发展，现场施工越来越复杂，对项目的施工组织水平的要求越来越高，因此迫切需要 BIM 技术投入使用。

本小节将从以下五个方面介绍 BIM 技术在施工阶段的应用。

1. 基于 BIM 的施工现场布置

使用 Auto CAD 软件绘制现场平面布置图，成果并不直观，不方便相关方提意见，施工现场布置的质量往往取决于编制人员的经验。而利用 BIM 软件绘制的现场布置图非常直观，各项目参与方都能提出自己的意见和建议，有利于及时发现问题。

同时利用 BIM 软件的模拟施工功能，能动态反映施工过程

利用BIM场布软件生成的平面布置图

中场地的变化，能提前发现可能存在
冲突的情况，方便后续管理。

2. 基于 BIM 的进度计划编制

在施工阶段，进度计划的传统方
法是使用 Excel 或 Project 软件绘制表
格或横道图。在项目中后期施工工序
比较多的情况下，编制计划非常烦琐，
且不容易发现各项工序之间的相互制
约关系；一旦需要根据实际调整计划，
往往需要重新绘制。

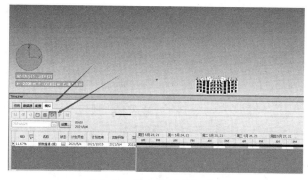

导入施工进度计划模拟施工

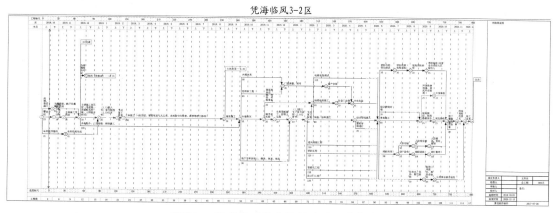

利用BIM进度管理软件绘制的项目进度计划

应用 BIM 技术，在施工阶段使用进度管理软件绘制施工进度图，能够明确表达各项工作
之间的逻辑关系。计算机可以自动找出关键线路和关键工作，明确各项工作的机动时间，方
便工作人员进行优化和调整。

3. 基于 BIM 的资源计划应用

项目部的进度计划中往往只有工期信
息，没有具体的劳动力和材料投入的数
据。这是因为编制进度计划的人不会算
量，没有工程量的具体数据。

解决方法是利用商务部门的图形模型，
导出各分项工程的工程量，结合定额和施
工经验确定各项资源需求和进度计划。

4. 基于 BIM 的施工方案及工艺模拟

1）本小节以二次结构施工阶段为

叠拼建筑模型

例，介绍基于 BIM 的施工方案模拟。二次结构施工中排砖图的作用很大，但是由于绘制工
作量大，在实际工作中应用不广泛。将广联达建筑模型导入广联达 BIM5D 软件，自动生成
排砖图，可以大大减少绘制排砖图工作量，能真正将排砖图广泛应用于实际工作中。

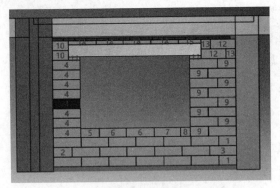

利用BIM技术自动排砖　　　　　　利用BIM技术自动计算砖消耗量

2）利用 Revit 软件，在建筑物结构模型中绘制悬挑脚手架布置图，既方便统计钢管、工字钢、锚固件的数量，又可以提前发现脚手架和结构冲突的地方，还可以利用三维模型给队伍交底。

5. 利用BIM技术提前发现图样问题

图样上节点和立面、建筑和结构对应不上等问题，往往只有到了施工对应部位的时候才能被发现，容易耽误进度，产生额外费用。使用BIM建立建筑物模型，在施工开始前就能将建筑物虚拟建造一遍，建模的过程中能提前发现图样中存在的问题。

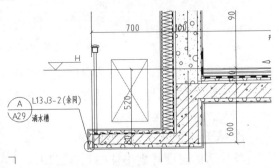

检查工字钢和空调板位置关系

先建立结构模型，将结构模型链接到建筑模型中，再开始绘制建筑模型，这样建筑和结构冲突的地方就能提前发现了。

右图为建筑节点图中空调机位的布置图，空调板下部和楼层结构的距离为600mm。链接结构模型后，对建筑模型进行建模，根据图示尺寸绘制时，发现空调板和结构梁无法连接。

经检查，该部位结构梁高度为480mm，的确无法满足和空调板连接的要求。

提前将这个问题反馈给设计院，就能避免耽误现场施工进度。

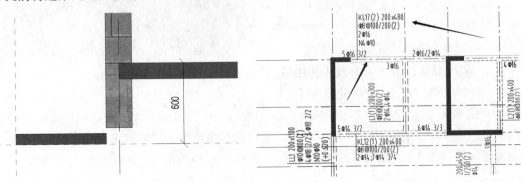

对于复杂的造型，建模后可以用于交底。另外建模过程中还能发现其他注意事项，比如线条的位置等，这些提前和队伍交代，能避免返工，提高效率。

Q39 怎样快速绘制排砖图

排砖图对提高砌体工程施工质量有很大的作用。通过排砖图，工人们可以做到胸有成竹，可以减少忘记留拉结筋、忘记留门洞、忘记预制混凝土块等错误。项目部可以通过排砖图确定各种规格的砌块的数量，从而减少材料浪费和二次倒运的成本。然而排砖图的绘制比较费时费力，限制了它在工程（特别是工期非常紧张的工程）中的应用。

可以将商务部门的算量模型导入广联达 BIM5D 自动排砖，但是有的项目部没有广联达 BIM5D 软件，因此本小节将重点介绍如何利用 Auto CAD 软件快速绘制排砖图，可供读者借鉴。

因为每一面墙的高度、长度不都相同，门窗洞口的位置、尺寸、构造柱位置等也不都相同，已经绘制好的排砖图不能直接修改用于绘制下一张排砖图。传统的绘制排砖图方法是每一面不同的墙都从头开始画。每次绘制新的墙都必须从零开始，效率比较低。

虽然不能通过直接改旧的排砖图来绘制新的排砖图，但是所有的排砖图中构造柱的尺寸、各种规格砌体的尺寸、连系梁的高度等都是一样的。可以将这些重复的对象抽象出来形成一个元件库，以后绘制新图时只要从元件库里面复制粘贴就可以了。这样做可以避免许多重复劳动，能极大地提高绘图效率。

元件库如下图所示。

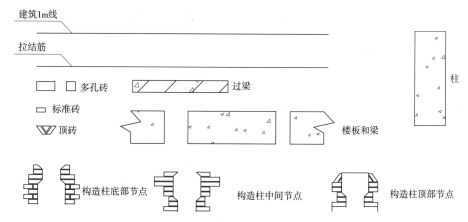

元件库中包含建筑 1m 线、拉结筋线、多孔砖、标砖、构造柱节点、梁、板、柱等构件。以某项目北区裙房二层 U-T/8 墙为例，介绍具体的排砖图绘制过程。

第一步，绘制墙体边界线。

根据建筑施工图和其他专业的留洞图，画出墙体的边界线。墙高需要层高减去墙上方梁高或者板厚。

也可以找商务部门要数据。在算量的模型中，选取墙，就可以得到墙的尺寸。

根据墙的尺寸，确定要不要设置构造柱和圈梁。如果需要的话，就把构造柱或圈梁的中心线画上。

主要命令：line、rec、copy

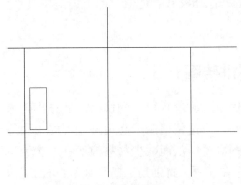

绘制墙体边界线

第二步，插入梁板柱、构造柱等元件。

从元件库中复制粘贴梁、板、柱和构造柱等元件。

主要命令：copy

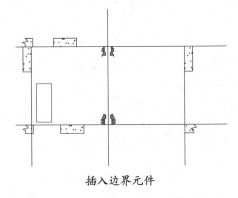

插入边界元件

第三步，生成墙体边界。

将各个元件拉伸就可以绘制好墙四周的梁板柱。通过插入构造柱中间节点，可以生成构造柱。

主要命令：copy、stretch

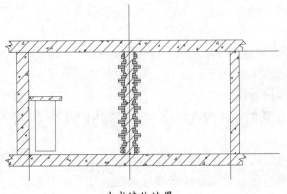

生成墙体边界

第四步，插入砌体生成墙体。

将砖等构件插入墙体，通过"阵列""复制"等命令生成墙体。

主要命令：copy、array

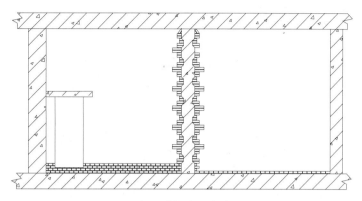

插入砖构件形成墙

用同样的方法插入多孔砖和顶砖，插入拉结筋。

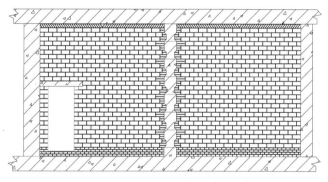

绘制好的墙体

第五步，标注尺寸。

为绘制好的墙体标注尺寸。

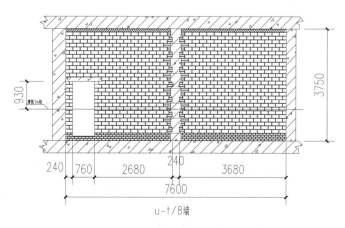

标注尺寸和建筑1m线

第六步，生成排砖图。

将绘制好的墙体插入排砖图模板中，就生成了排砖图。通过"属性"——"快速选择"命令，选择各种规格的砖，在弹出的属性菜单中可以找到砖的数量。确定砖数量的方法具体见"怎样数模壳数量"一节。

从以上绘制过程可以看出，由于主要操作为复制和粘贴，极大地减少了绘制工

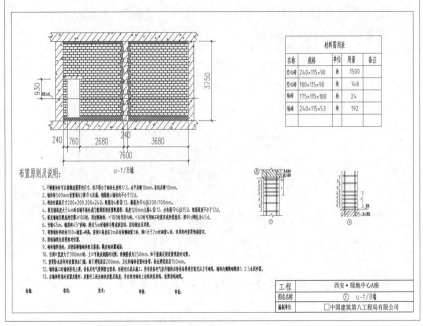

绘制好的排砖图

作的劳动强度。在应用这种方法以前，绘制一张排砖图需要 40min 左右的时间。应用新方法后，一面墙体排砖图平均只需要 10min 左右就可以完成，极大地提高了绘图效率。

Q40 SketchUp 建模经验

1. SketchUp 在施工中的应用及建模思路

SketchUp 的优点是建模速度很快，可以在施工中快速绘制效果图。

SketchUp 是以面为核心的建模软件，通过画线生成面，面再通过拉伸变成三维的样子。在三维模型里面没有实体，只有一个个面。

SketchUp 中"选择"操作不是很方便，因为容易多选、漏选。解决方法是利用组件功能，编辑组件的时候，不会选择组件以外的线或面。

2. 建模步骤

1）导入 CAD 底图。导入过程中注意单位调整成 mm，不然导入的图形会很大，不方便定位。

2）用"直线"命令，画出一层的墙，窗户位置的墙体最好不画，等在模型中画完窗户后再补上。

3）用"推拉"命令，将平面的墙拉伸层高的距离，形成一层墙体。推拉的时候，输入推拉距离，对第一个推拉的对象完成推拉后，其他的墙双击就行了。推拉后，给一层墙体附以材质，然后将其创建为群组。

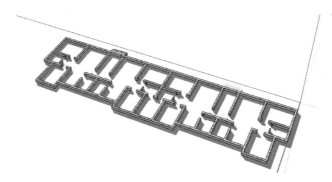

4）画门窗。在一层墙体群组外面画门窗。画门窗的时候，可以画一个面就另存为组件，在组件编辑模式中继续修改，这样方便选择。窗户按照不同类型画好后，复制到各个洞口。

5）绘制标准层。将一层的墙体和窗户复制到二层，然后修改为二层的造型、材质。

6）复制标准层。SketchUp 中，"复制"命令是移动键状态下，点一下 Ctrl 键，变成移动同时复制模式。第一个复制完成后，输入"*4"，回车，就会按照上一个复制的距离连着复制 4 次。

7）绘制屋面。坡屋面的绘制，可以按找坡方向把坡画全了，不同找坡方向之间自然就会形成坡的相交线。

8）绘制阳台、雨棚、线条造型等部件。

9）这样，模型就建立完成了，下一步可以输出到 PS 进行美化或是利用其他软件进行渲染。

3. 建模技巧

（1）快捷键

直线——L；

矩形——R；

推拉——P；

测量和辅助线——T；

移动——M；

偏移——F；

动态观察——滚轮；

偏移——shift+滚轮；

选择——空格键；

填充材质——B。

（2）如何实现镜像　SketchUp 没有"镜像"命令，需要镜像操作时，选择对象，按"S"键进入缩放模式。

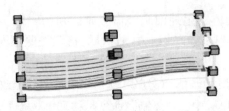

点击其中一个蓝点，输入"–1"，回车后用"旋转"命令调整到合适的角度。

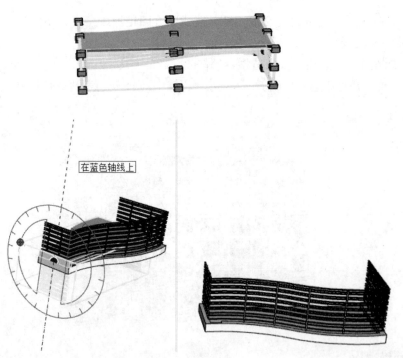

（3）怎样加载插件　Ruby 控制台中输入以下句子：

UI.openURL（Sketchup.find_support_file（"Plugins"））

这样就会打开插件文件夹，把插件复制到这个文件夹就行。

（4）拉伸后面没有了怎么办　使用"拉伸"命令的时候，按一下 shift 键，这样每次拉伸，都会有新的面。

（5）窗户的画法　画一个矩形，然后创建组件，进入组件编辑模式。

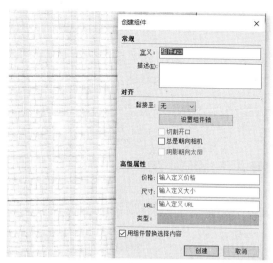

给这个面赋予窗框的材质。用"偏移"和"直线"命令画出窗框。窗框往外拉伸100，然后将玻璃位置的面赋予玻璃的材质。这样一个窗户就画好了。

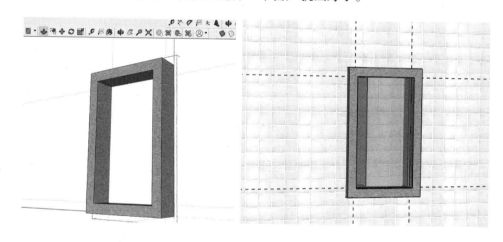

（6）直线收尾相连画不出面怎么办　看看是不是这些线不在一个面上。

（7）怎么样批量修改贴图材质　在"填充"命令中，按一下 shift 键，油漆桶图标会多几个点，此时对其中一个面的更改，会作用到有相同材质的所有面。也可以右键点击一个面，选择所有相同材质的面，然后修改。

（8）阴影效果不显示了怎么办　阴影设置中有个立方体符号，按下可以切换有或没有阴影效果。

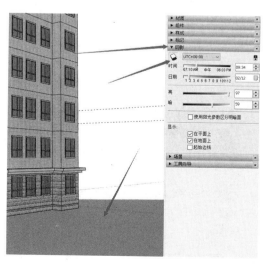

Q41 Revit机电各专业建模和管线综合要点

对管线进行综合排布，是当前施工阶段 BIM 应用中非常重要的一个内容。电气、水暖、通风等专业模型的搭建，是应用 BIM 技术的基础。这里介绍一下各专业建模要点及管线综合的方法。

1. 电气专业建模要点

（1）基本流程　链接 CAD ——→创建桥架模型——→设置视图——→过滤器设置——→创建桥架、线管模型——→布置设备——→绘制线管。

（2）注意点

1）桥架没有系统，通过修改族类型方便以后设置过滤器。

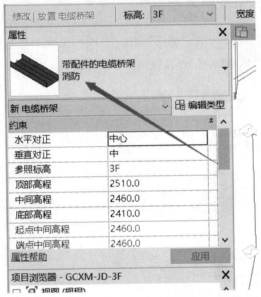

2）新建桥架类型后，要加载桥架之间连接形式的族，位置在 MEP/ 供配电 / 配电设备 / 电缆桥架配件文件夹中。设置垂直内弯头、垂直外弯头时，注意内下外上。

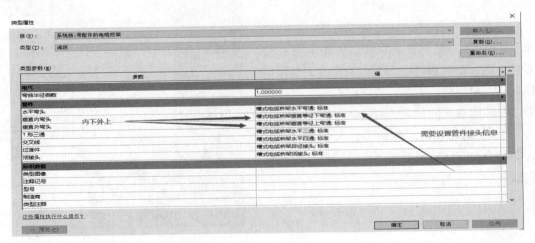

3）桥架翻弯做法：先把交叉处的一根桥架打断（SL），删除中间段，相同部位新画一条标高相对低一些的桥架，再连接新旧桥架。

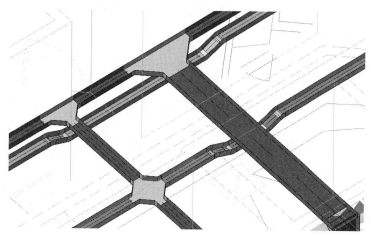

（3）快捷键

桥架（cable tray）——C+T；

线管（conduit）——C+N；

电气设备（electric equipment）——E+E；

灯具（lighting fixture）——L+F；

成角（trim/extend to corner）——T+R；

延长到线（extend single element）——E+T；

打断（split element）——S+L。

2. 暖通专业建模要点

（1）基本思路

1）通风专业：链接 CAD 图样——新建通风系统类型——新建风管类型——新建视图过滤器——布置风机设备——绘制管道——布置风道末端。

2）空调专业：链接 CAD 图样——新建空调系统类型——新建空调管材类型——新建视图过滤器——布置空调设备——绘制管道。

（2）过程要点

1）新建系统类型时，可以参考下表。

序号	系统分类	系统类型
1	送风	送风系统、新风系统
2	回风	回风系统
3	排风	排风系统
4	循环供水	空调冷媒供
5	循环回水	空调冷媒回
6	卫生设备	空调冷凝水

2）新建过滤器时，可以用系统类型作为区分。

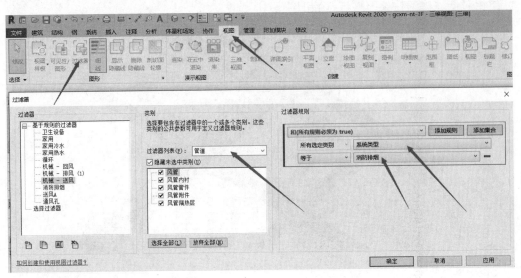

3）空调冷凝水管需要设置坡度。

4）绘制风道或管道时，如果转弯的地方软件提示无法布置，那么说明空间太小，需要移动风道或管道的位置。

5）看不到设备的时候，可以调节视图样板中的视图范围。

6）管道冲突位置可以通过做翻弯解决。

7）水暖散热器不能紧贴墙面，要距离墙面50mm。

（3）快捷键

风道（duct）——D+T；

管道（pipe）——P+I；

风道末端（Air terminal）——A+T；

机械设备（mechanical equipment）——M+E；

机械设置（mechanical setting）——M+S。

3.给排水专业建模要点

（1）基本流程 链接CAD——→创建给排水管道系统——→新建管材类型——→设置视图——→过滤器设置——→布置排水设备——→绘制给水支管——→绘制排水支管——→绘制给水干管、立管——→绘制其他管——→绘制阀门等部件。

（2）注意点

1）管道设置：给排水专业涉及的管道比较多，可以新建一个表格梳理关系。

序号	管道类型	管道材料	连接方式
1	给水干管	钢塑	丝扣
2	给水立管	PP–R	热熔
……	……	……	……

2）有坡度管道的处理：对于有坡度的管道，要先确定一个基准点，可以是管道的最高点、最低点或是给定的标高。因为坡度是一定的，确定基准点后，只要结合三维视图和剖面图，绘制管道流向即可。

和有坡度的管道连接，可以使用"继承高程"命令，从有坡度的管道出发，即把管道连接点作为基准点。

3）有固体废物的卫生器具，使用 P 型存水弯；只有流体的卫生器具，使用 S 型存水弯。

（3）快捷键

管道（pipe）——P+I；

管道附件（pipe fitting）——P+F；

管道配件（pipe accessory）——P+A；

卫浴设备（pipe fixture）——P+X。

4. 机电综合深化的步骤和要点

（1）基本步骤　模型整合——→空间分析——→主管线调整——→支管调整——→管线翻弯处理——→末端调整。

（2）注意点

1）模型整合：打开不同专业的模型文件，使用剪切板，将不同专业的模型复制到同一个项目文件中。

2）空间分析：观察模型，找到最复杂、管线最多的地方。建立剖面，在剖面视图中绘制表示设计净空的线。观察管道布置能否满足净空。

3）主管线调整：无法满足净空时，可以考虑调整管道的布置方式，采用移动管道的位置，或者修改管道尺寸的方法解决。

在剖面视图中调整管道位置。可以风管和桥架放在一边，水管放在另外一边。水管因为直径较小，可以考虑布置两排。

管线布置的基本规律为：电气管线布置在水管上方；小管让大管，有压管让无压管；风管 > 自流管 > 压力管 > 电管 > 弱电管。

管道和管道之间、管道和墙之间要考虑留出足够的空隙。

（单位：mm）

序号	类型	净间距
1	管道之间水平距离	不小于 50
2	风管之间水平距离	不小于 50
3	同类桥架之间水平距离	不小于 100
4	强、弱电桥架之间水平间距	尽可能大于 300，最小不宜小于 100
5	桥架和水管之间水平间距	尽可能大于 300，最小不宜小于 100
6	桥架和风管之间水平间距	不宜小于 100

序号	类型	净间距
7	水管与风管之间水平间距	不小于水管吊架尺寸
8	管道上下间距	考虑支架布置

4）管线间距调整的常用操作：

移动管线：使用"MV移动"命令。

定位管线：将管线和参照物之间标注尺寸，选中管线，修改尺寸数字。这个参照物可以是管线或是结构。

断开管线：使用"SL断开"命令。断开后要删除断开处的图元。

调整管道尺寸，标高。选中管道后，修改管道属性信息。

管道的连接：选中管道，在接头处右击，选择绘制管道选项。

管井和机房调整时，可以沿着墙画参照平面，把管线与参照平面对齐。可以新建一个详图，调整注释比例，然后标准管线之间距离。

5）支管调整：思路和主管调整差不多。还要注意确定支管进入房间的位置，各系统之间引入位置不要冲突。

6）翻弯处理：注意翻弯角度控制在45°左右，减少流体压力损失。

5. 施工单位应用BIM技术指导机电施工的步骤和注意点

目前，许多施工单位都希望利用BIM技术完成机电工程的投标展示、管线综合等工作。许多项目的做法是不同人建立不同专业的模型后，整合在一起进行管线综合。

机电各专业内部建模难度不大，但是各专业建模完成后综合在一起时，由于总量大、碰撞点多，往往会使人有不知从何处下手进行管线综合的感觉。另外，管线综合"牵一发而动全身"，修改管道后，往往有许多跟着要改的地方，工作量非常大。

为了解决这个问题，必须按一定的步骤建立机电专业模型。

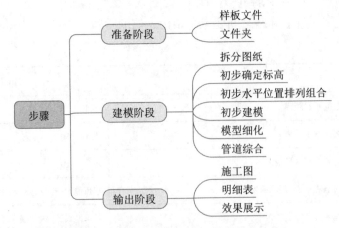

（1）准备阶段　如果想提高效率，那就必须利用好样板文件。在样板文件中提前定义好过滤器和视图样板，各专业调用不同的视图样板，相比自建视图样板可以节约时间。样板文件中要定义好各种管道、系统的名称、代码、颜色。

给排水专业可以建立给水和排水两个系统；采暖热水专业可以建立一个系统，系统内管道分成给水管和回水管。

除了样板文件，还要做好项目文件夹管理。参照文件放在一个文件夹，新建立的设备族放在另一个文件夹，方便项目传递。

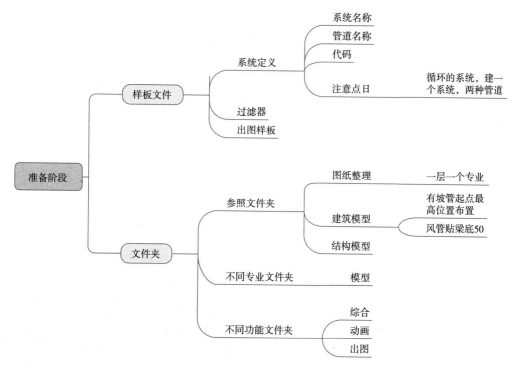

（2）建模阶段　建模阶段的要点在于分阶段建模，先建立主管道模型，进行管线综合，再完善其他支管和设备。不要一次性建立完成所有管道和设备，这样调整的难度和工作量都会增加。

1）拆分图样：使用 CAD 快速看图等工具，将图纸拆分成一个专业一个楼层的形式。

2）初步确定标高：分析建筑结构模型，了解层高、梁高、净空要求等信息。

竖向从上到下一般是桥架、风管、管道的分层顺序。

风管可以贴梁下 50mm 布置。按照从上到下、从大到小的顺序确定其他管道位置。有重力管时先安排重力管，让最高点的位置尽量贴近梁，保证净高。水管安排在桥架下方。

约束条件很多时，要一个个列出来分析。先分析影响大的约束条件，再分析影响小的约束条件。不同方案产生的翻弯数量，可以拿来作为评价方案的数据。

横向和纵向的管道可以分两层布置。

3）初步确定水平排布：根据管道的特点进行水平方向的排布，保温管、金属管、大管靠内，支管少的管靠内。弱电桥梁和强电桥架不要凑在一起。

4）初步建模：根据前面步骤做到心中有数后，绘制各专业的主管，汇总后进行碰撞检测，综合排布。

5）模型细化：初步建模调整完成后，完善各专业支管、设备的布置。

6）管线综合：全部模型建立完成后，再次进行管线综合、碰撞检测等工作。管线综合的时间应该占总时间的 3/4 左右。

（3）输出阶段　模型调整完成后，就可以进行出施工图、出明细表、做效果展示动画等工作了。

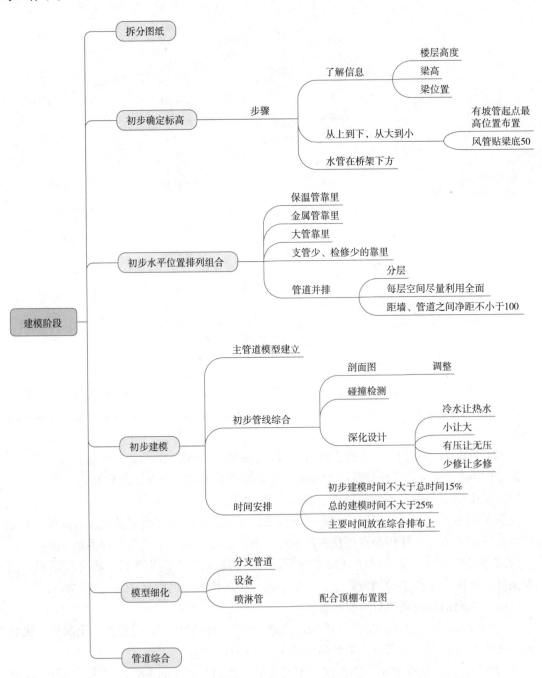

Q42 Revit机电项目样板设置要点

在 Revit 中建立机电模型前，需要设置项目样板。设置项目样板，包括建立管道系统、管材类型、复制轴网和标高、建立 MEP 族等工作。

1. 系统分类、系统类型、系统名称之间的关系

设置机电样板、过滤器、新建管道时，会碰到"系统分类""系统类型""系统名称"这三个参数，容易搞混淆。

首先，我们要了解"系统"的含义。Revit 中的"系统"是指设备和管道的集合。也就是说，"系统"包括管道、设备以及它们之间如何连接的信息。

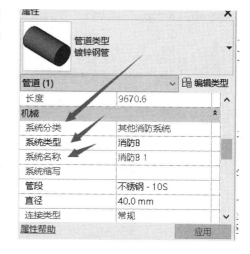

系统分类是 Revit 自带的最高层级。软件提供了 11 种默认的系统分类，分别为：家用冷水、家用热水、循环供水、循环水、卫生设备、湿式消防系统、干式消防系统、预作用消防系统、其他消防系统、通风孔、其他。在系统中，定义了管道和设备连接和计算方式。比如坐便器是带有给水和排水的连接件，这两个连接件分别属于家用冷水和卫生设备这两个系统分类。

复制系统分类后，重命名，生成系统类型。这个新建的系统类型属于该系统分类。例如，复制"家用冷水"，重命名为"给水系统"，这个系统的系统类型是"给水系统"，系统分类是"家用冷水"。

我们可以把卫生间的给水管和卫浴设备集中起来，给这个系统一个名字，这就是系统名称。方法是选中一个设备或水管，点击"管道系统"，增加设备和其他管道。

同一个系统中的设备、管道，可以使用软件中的自动布局功能布线，还可以使用"连接到"这个功能连接设备和管道。

选中管道，修改系统类型，系统分类会跟着修改。

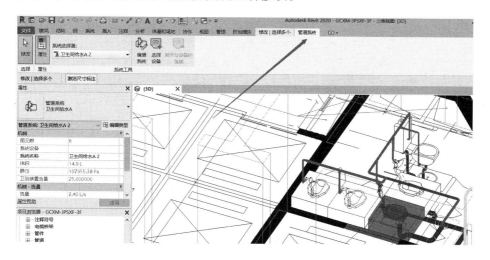

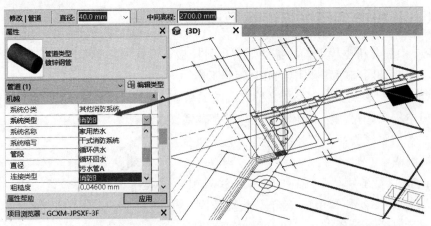

选中管道或设备，点击"管道系统"，可以在系统名称中修改管道或设备的系统名称。

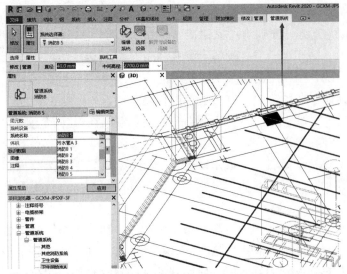

选中设备，在族编辑环境中修改接头的系统分类，可以修改设备的系统分类。

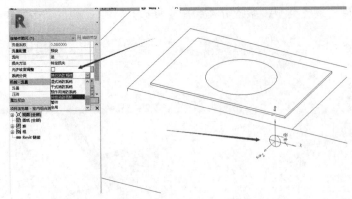

　　Revit中系统是设备和管道的集合。系统分类是最高级别的系统。我们平时使用的是默认系统分类复制后的系统类型。

　　系统名称是项目中自定义的一群设备和管道的集合。

一些参考复制关系：

序号	软件系统分类	项目新建系统类型
1	送风	新风
2	家用热水	采暖给水
3	家用热水	采暖回水
4	家用热水	热给水管
5	家用冷水	给水管
6	卫生设备	污水管
7	电缆桥架	插座
8	电缆桥架	照明
9	电缆桥架	消防
10	电缆桥架	电信

2. 机电项目样板设置方法

（1）复制标高、轴网　新建机电项目后，要导入建筑或是结构的模型，利用协作功能复制轴网和标高。

链接建筑专业模型：插入——→ Revit 链接，选择要链接的文件。

复制标高、轴网：协作——→复制监视——→选择链接，点击链接的文件。

选择复制，点选多个。

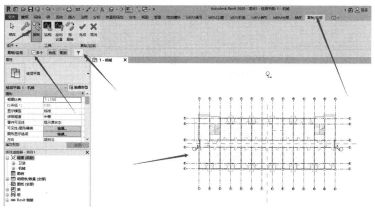

利用过滤器选择轴网。

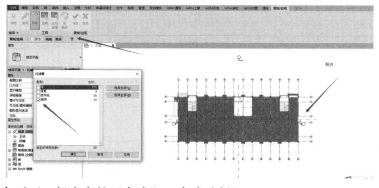

选中后点击下面一行小个的"完成"，完成选择。

进入立面视图，按上述步骤，选择所有标高。按有对号那个"完成"，完成标高和轴网的复制。

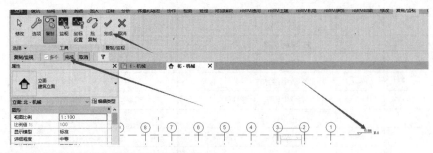

复制标高和轴网时要注意按钮不要少按了。

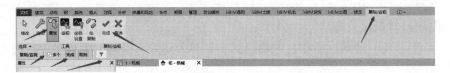

标高复制完成后，生成楼层平面，删除原来项目中不需要的楼层平面。

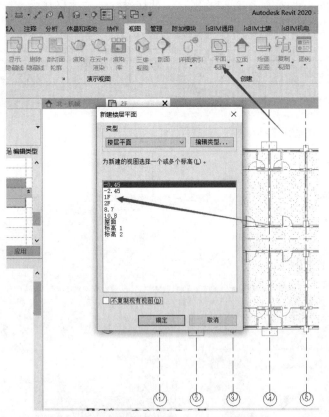

（2）新建各专业系统分类和视图过滤器　可以提前规划好，一开始就建立完成，也可以分专业不断完善。步骤是新建管道系统——→新建管材（确定材料和连接方式）——→导入设备族——→设置图层过滤器。

以通风系统为例：

复制风管系统中的"送风"选项，重命名为送风系统。

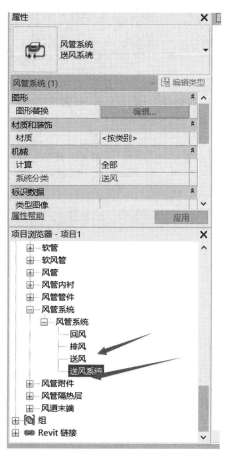

根据设计要求，确定风管材料类型和布管方式。

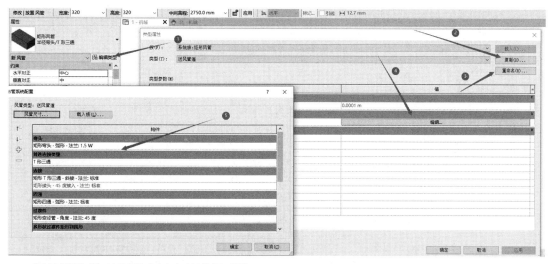

调整系统类型为刚才新建的送风系统。

新建视图过滤器。

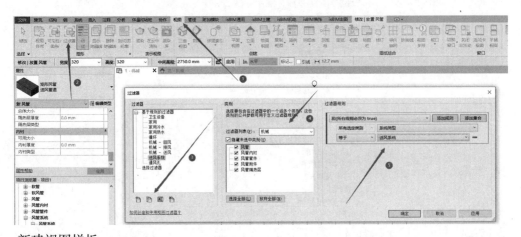

新建视图样板。

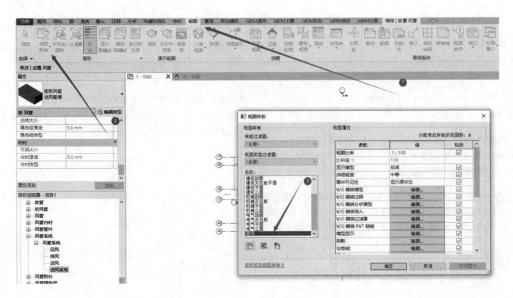

在新建的视图样板中添加过滤器。

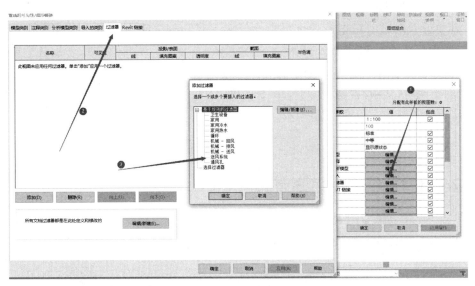

调整视图中风管的填充图案。

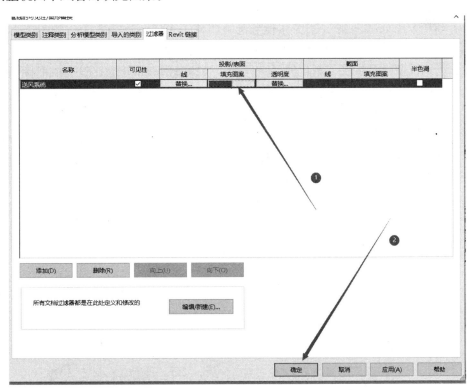

至此，风管系统的样板就建立好了，可以进入绘制工作了。

其他专业可以和风管系统使用一个视图样板，这个视图样板加载不同专业的过滤器。通过调整过滤器控制图元的显示。

3. Revit 中建立 MEP 族要点

和建筑中的族相比，MEP 的族有以下几点需要注意：

1）需要设置族类别。如果族类别错了，可能会无法连接相关管道，最后明细表统计起来也比较麻烦，因此要在族类别中修改属性。

2）需要设置参数。机电族内部参数比较多，且相互之间有联系，需要注意实例不同的可变参数要定义为实例参数。开始绘制的时候，在x、y、z三个方向上找三个参照平面锁定，其他参照平面根据这三个固定的参照平面定位，防止出现锁定的平面相互打架的情况；在立面绘制时，要看看是否需要隐藏标高线。

3）需要设置接头，并进行调试。

Q43 Revit建筑结构建模要点

为了在工程施工中应用BIM技术，必须建立结构和建筑模型。本小节将介绍结构建筑模型建模的基本步骤和特殊部位建模方法。

1. 基本步骤

对于施工单位来说，应该先建立结构模型。将结构模型导入建筑模型项目后，接着画建筑有关图元。这样可以加快进度，也能在过程中发现结构和建筑冲突的地方。

（1）结构模型建模步骤　新建标高——→新建楼层平面——→导入CAD底图——→绘制轴网——→绘制墙柱梁板等构件——→楼层间复制——→绘制楼梯。

（2）建筑模型建模步骤　新建项目——→导入结构模型——→建立建筑完成面标高——→绘制填充墙——→绘制门窗、幕墙等部件的族——→布置门窗、幕墙——→绘制楼梯、坡道——→完善外立面。

2. 各步骤注意事项

（1）导入CAD　导入的时候要注意单位，导入CAD后，要检查两个方向的轴网是不是都对齐了，然后锁定CAD图样。编者曾经有一次在建模的时候，发现剖面图和平面图怎么也对不起来，最后才发现是因为二层的图样定位不准确。

（2）绘制轴网　绘制的时候使用拾取线功能，可以加快绘制速度。

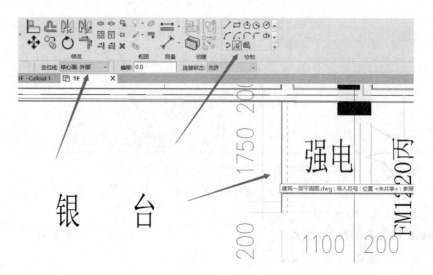

　　绘制轴网的时候，选择拾取线绘制，定位线根据实际选区，点选导入的 CAD 图元，就能直接生成墙，加快了建模速度。墙等图元也可以用拾取线的方法，会快一些。

　　（3）梁、墙　梁、墙等构件数量比较多，绘制起来比较费力。有条件的项目可以使用 isBIM 等翻模软件。没有插件的，可以对图样进行分区，先画横向构件，再画竖向构件，一小块一小块地解决。

　　（4）楼板　楼板要一块一块地画，板的边界是梁和墙的中心。有条件的项目可以购买插件翻模，没有插件的，可以利用 Revit 自带的 dynamo 工具自己编写可视化程序翻模。

　　（5）门窗画法　步骤：以公制门、公制窗为族样板新建族——修改族参数中的长宽尺寸——导入 CAD 底图——绘制玻璃——修改玻璃可见性和材质——绘制门窗框——绘制平面注释线——删除 CAD 底图。

　　门窗绘制时，各方向如下图示意。

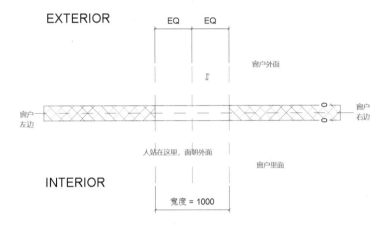

　　（6）楼梯　楼梯属于比较复杂的构件，可以通过新建楼层平面的方法，把楼梯隔离出来单独画，这样不会和其他构件挤在一起，可以达到方便观察、易于绘制的效果。

　　第一步：新建平面视图。

　　在项目浏览器中选中 "3F" 楼层平面，右击，复制。

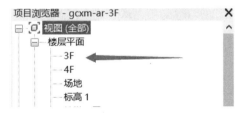

　　将新复制的楼层平面命名为 "楼梯-3层"。

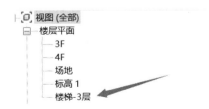

第二步：隐藏"楼梯-3层"视图中的其他图元。

进入楼梯-3层视图后，选中所有元件，单击"过滤器"，选择轴线以外的其他构件。

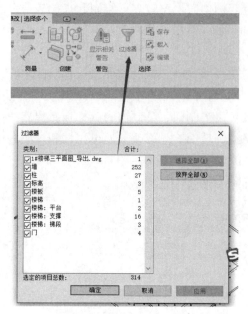

将选中的构件隐藏，这样图样上只有轴线，方便后期绘图。

如果一次要画很多层楼梯，可以调整视图范围，这样能看到全部楼梯。

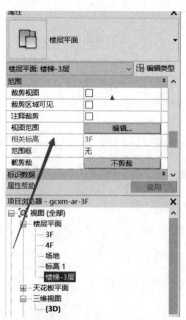

第三步：导入 CAD 底图，绘制平面上的参照平面。

导入时，注意详图的比例。详图比例和项目不一致的话，使用"缩放"命令调整图样大小。利用两根轴线的交点定位，将图样移动到合适的位置，接着锁定图样。

在梯段的开始和结束位置画上参照平面，方便画楼梯的时候定位。

第四步：新建楼梯类型。

类型参数中，需要调整楼梯的梯面高度、踏面宽度和楼梯宽度。可以依据梯面高度的不同来划分楼梯。如果从底到顶都是相同的梯面高度，那么只新建一个楼梯类型就行。如果有不同高度的话，就分别建立不同的楼梯类型。

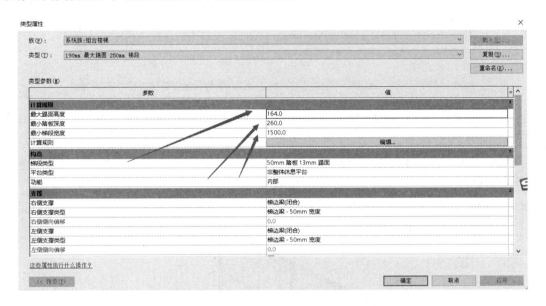

属性面板中，调整楼梯的低标高和顶标高。如果一次画了很多层楼梯，或是非常复杂的楼梯，可以把底部标高和顶部标高都设置成一层，底部偏移和顶部偏移设置为具体标高数值。这种方法的前提是一层标高是 ± 0.000。

第五步：画楼梯。

先选择画梯段，从标高低的一端画到另外一端。一段梯段画完后，接着画下一段。两段之间会自动连接出平台。

如果是非常复杂的楼梯，可以新建一个剖面，对照剖面修改。

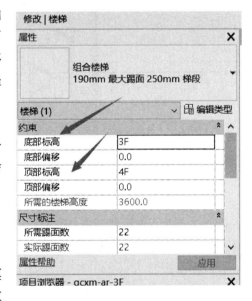

（7）幕墙画法

画法1：新建族，选择公制窗—幕墙文件为模板，调整参照平面大小为整个幕墙大小。通过"拉伸"命令，绘制幕墙的楞和玻璃。

载入项目后，新建幕墙，高度调整为幕墙实际高度，嵌板选择刚才新建的族。在有幕墙的位置画一条模型线。选择"幕墙"命令，拾取线，点击模型线，画出幕墙，再调整位置。

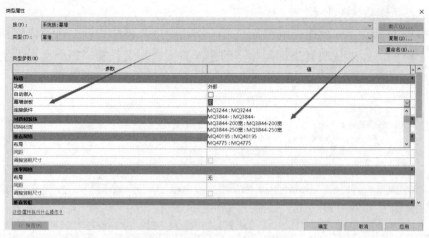

画法 2：在项目中新建幕墙，绘制幕墙，此时的幕墙是一片半透明的样子。进入立面视图，隔离其他图元。

绘制幕墙网格，网格划分出的区域就是嵌板，网格上可以加载竖楞。

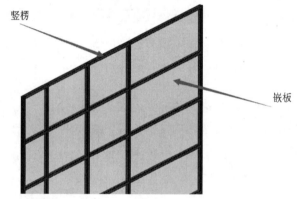

竖楞

嵌板

选中嵌板后，可以切换族类型，把嵌板改成墙或是窗户。

（8）层间复制　把要复制的部件建立一个组，然后利用剪切板进行层间复制，这样速度比较快，以后修改起来也比较方便。

（9）外立面画法　建筑物窗户等位置的外立面造型比较复杂，有时让建模工作无从下手。绘制思路是新建剖面视图作为辅助，然后比对着立面图、平面图、节点图，通过修改梁截面、给楼板增加板边、给墙增加线条等方法完善外立面。

具体步骤为：

第一步：分析节点范围，选择绘制对象。

第二步：在节点位置新建剖面视图。使用"视图"——"剖面"命令，在窗户位置建立剖面视图，调整剖面视图范围。

第三步：进入剖面视图，绘制节点参考平面。双击"项目浏览器"视图中的"剖面"视图，进入刚才新建的剖面。然后根据节点图，绘制定位用的参照平面。

第四步：根据节点具体形式，选择合适的绘图方式。

通过修改梁截面、给楼板增加板边、给墙增加线条等方法完善外立面。

以分隔条为例。先测量节点尺寸，新建轮廓。再新建分隔条，加载轮廓。在立面图或是三维视图中布置分隔条，在剖面视图中调整分隔条位置。

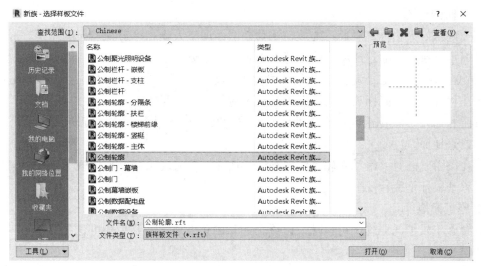

（10）建筑模型中外墙的绘制 因为结构模型中已经建立好了结构墙，所以建筑模型中可以建立一个只有装饰面厚度的墙，沿着结构边画墙。然后使用"合并"命令合并结构部分和装饰部分。

3. 常用快捷键

轴网——G+R；

标高——L+L；

参照平面——R+P；

标注——D+I；

对齐——A+L；

着色——S+D；

墙——W+A；

柱——C+L；

梁——B+M；

楼板——S+B；

窗户——W+N；

门——D+R。

Q44 Navisworks使用要点

使用 Navisworks 对项目进行漫游展示、施工过程模拟，是 BIM 技术在施工阶段的应用中非常重要的一块。Navisworks 软件各项操作要点如下：

1. 漫游的控制

需要确认好人物标高。通过缩放、平移视图，调整人物和建筑物竖向的间距。屏幕上 Z 轴标高显示着层高，通过滑动滚轮，把人物放到目标楼层上。

人物行动的方向在光标和人物的头部之间的延长线上。把目标放在这个延长线上，人物就会往目标走了。光标离人物头部越远，人物移动的速度越快。

漫游状态下，鼠标滚轮不要随便滚动，滚轮会使视图沿上下方向旋转，这样就只能看到天空或是地面。

不在漫游状态时，滚动滚轮是缩放视图；按住滚轮移动鼠标是平移视图；按住 shift+ 按住滚轮移动鼠标是旋转视图。

2. 施工模拟

理解施工模拟的原理，可以从"以终为始"的角度看，就是说想办法把 TimeLiner 里面的表格填好。

为了填好表格，要做好一一对应，把 TimeLiner 中的任务名称，和施工计划中的任务名称，以及三维模型中的部位对应起来。三维模型中的部位，按不同方式选择为集合（利用属性面板中的信息），集合名称和施工计划的任务名称一致。把施工计划作为数据源导入 TimeLiner 中。这样三者就建立了一一对应的关系。

为了控制播放的效果，可以链接上制作的动画，如剖面生长动画等。

第一步：准备好施工计划。可以用 Excel 制作进度计划，注意部位的名字要和 Revit 模型中层的名字一致。将 Excel 文件另存为 cvs 格式。

1	序号	部位	开始日期	结束日期	实际开始	实际结束	
2	1	1层	2021年5月4日	2021年5月8日	2021年5月4日	2021年5月8日	
3	2	层2	2021年5月9日	2021年5月13日	2021年5月9日	2021年5月13日	
4	3	层3	2021年5月14日	2021年5月18日	2021年5月14日	2021年5月18日	
5	4	层4	2021年5月19日	2021年5月23日	2021年5月19日	2021年5月23日	
6	5	层5	2021年5月24日	2021年5月28日	2021年5月24日	2021年5月28日	
7	6	层6	2021年5月29日	2021年6月2日	2021年5月29日	2021年6月2日	
8	7	层7	2021年6月3日	2021年6月7日	2021年6月3日	2021年6月7日	
9	8	层8	2021年6月8日	2021年6月12日	2021年6月8日	2021年6月12日	
10	9	层9	2021年6月13日	2021年6月17日	2021年6月13日	2021年6月17日	
11	10	层10	2021年6月18日	2021年6月22日	2021年6月18日	2021年6月22日	
12	11	层11	2021年6月23日	2021年6月27日	2021年6月23日	2021年6月27日	
13	12	层12	2021年6月28日	2021年7月2日	2021年6月28日	2021年7月2日	
14	13	层13	2021年7月3日	2021年7月7日	2021年7月3日	2021年7月7日	
15	14	层14	2021年7月8日	2021年7月12日	2021年7月8日	2021年7月12日	
16	15	层15	2021年7月13日	2021年7月17日	2021年7月13日	2021年7月17日	
17	16	层16	2021年7月18日	2021年7月22日	2021年7月18日	2021年7月22日	
18	17	层17	2021年7月23日	2021年7月27日	2021年7月23日	2021年7月27日	
19	18	层18	2021年7月28日	2021年8月1日	2021年7月28日	2021年8月1日	
20	19	层19	2021年8月2日	2021年8月6日	2021年8月2日	2021年8月6日	
21	20	层20	2021年8月7日	2021年8月11日	2021年8月7日	2021年8月11日	
22	21	层21	2021年8月12日	2021年8月16日	2021年8月12日	2021年8月16日	
23	22	层22	2021年8月17日	2021年8月21日	2021年8月17日	2021年8月21日	

第二步：在 Navisworks 中加载施工计划。

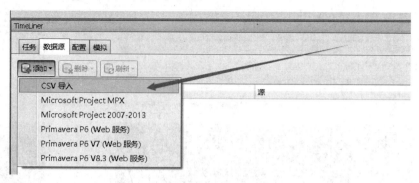

选择新建的施工计划，然后调整字段选择器，保持内容一一对应。

然后刷新数据。

将1层"任务类型"调整为构造。

按住shift键选中其他行，在第一个"构造"位置单击右键，选择"向下填充"。

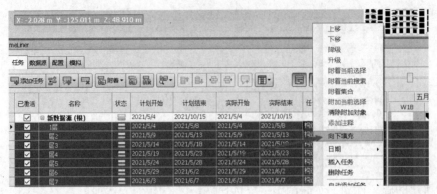

将任务附着到层上。

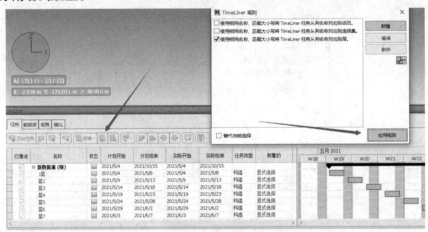

点击"模拟"，点击"播放"按钮，播放施工动画。

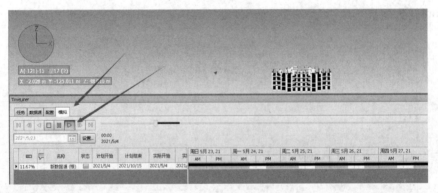

3. 动画制作

动画制作的方法是不断分解，定好什么东西在什么时候干什么事情。例如车子的移动，先确定0s的位置，捕捉关键帧；然后到第5s，用"平移"命令确定好位置，再次捕捉关键帧。每次调整好位置后，要点击一下"捕获关键帧"，才能保存。

选择物体的时候，可以把选中的物体按Ctrl+H进行隐藏，从而检查有没有选上所有要选的物体。或者物体比较难选中的时候，可以在连续选择模式下，选择一个隐藏一个，最终全部选上，建立集合。

4. 碰撞检查

首先要根据属性建立集合，这个过程中可以给不同的集合附以不同的颜色。比如把所有风管利用属性选中，创建新集合，附以红色。然后碰撞检查工具中，选择左右两个栏中的不同集合进行碰撞检查。

（1）基本操作 首先使用"查找项目"命令，根据属性建立集合。然后碰撞检查工具中，选择左右两个栏中的不同集合进行碰撞检查。

添加规则后，对测试重命名，方便后面查看。

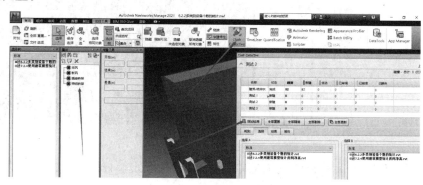

（2）操作技巧 查找重复项。左右两侧选择同一模型，设置类型为重复项。

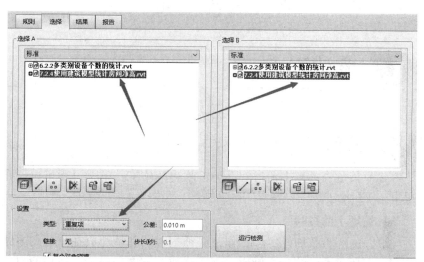

或者选择一个模型，点击"检测自相交"，运行检测。自相交可以检查内部的冲突，比如检查画的暖通管内部有没有冲突。

选中两个图元，点击"审阅""最短距离"，可以测量两个管子之间的最短距离。

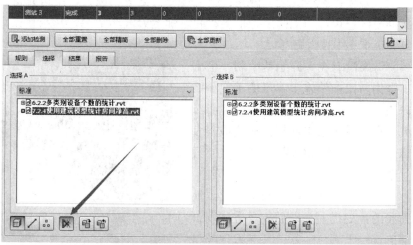

测量两个管子之间最短距离

125

冲突的管理

（3）冲突的分组 点击项目那一部分的图元，右击，分组，可以提高效率。

2.3 临建施工

Q45 临建施工要点

我曾经负责过一个项目部办公区临建的施工，整个过程可以说是磕磕碰碰，但是也积累了不少经验。

1.管理上的经验

最大的经验教训是：干工作，必须把时间和精力放在重要的事情上。当时的我实在太忙了，老项目有结算没有做完，新项目要写方案，白天还要送原材去实验室。住的地方离新办公区也很远，来回要花很多时间。加上天气非常冷，我经常在现场被冻得直流鼻涕，每天很难集中精力思考。

结果没有在一开始就编制一个施工计划。以前管施工，习惯于往前面赶就行，临建不一样，场地就那么大，没有一个施工计划，会造成很多麻烦。比如提前挖了排水沟，结果只能拿钢板铺在沟上过车。

材料提计划后没有确认样式。地面砖的计划提上去以后，没有和物资部确认一下颜色、款式，导致现场材料来了以后领导不满意。

办公区的地砖进错了，导致不能停车

没有做技术复核。围墙立柱位置要浇筑构造柱，我没有去复核构造柱的位置，觉得间距 2m 很简单，不会出问题，结果最后安装围挡的时候对不上位置。

不够客观。有时候施工队伍含糊地答应做一件事情，我隐隐觉得他们似乎完不成，但是我又不想费心去管，结果后来出了问题，反而需要花更多精力去管。

现在看来，越忙才越要保证重要的事情有时间和精力。当时我应该每天看看哪些是重要的事情，保证重要的事情完成后，再去写方案、做结算。

2. 临建工作其他技术上的要点

（1）平整场地，要根据工作特点选择机械　大范围平整可以用大挖掘机，多余的土应该用推土机推，不能用挖掘机来回倒，那样太慢。要注意余土堆的地方，土的承载力不高，上面尽量不要建东西，因为第二年土堆会下沉。

（2）卫生间的设计和施工　蹲坑数量在《城市公共厕所设计标准》（CJJ14—2005）中有此类规定：

男厕所：小于 100 人按 25 人设 1 个蹲位，大于 100 人的每增加 50 人，增设 1 个蹲位。小便器的数量与蹲位相同。女厕所：小于 100 人按 15 人设 1~2 个蹲位，大于 100 人的每增加 30 人，增设 1 个蹲位。

项目部最多时有 50 多人，设置了 3 个男蹲坑、2 个女蹲坑，平时够用。

蹲坑隔断的尺寸可以使用 2000mm × 900mm × 1220mm。在设计卫生间的时候，可以使用天正建筑插件插入隔断，上面有具体的隔断尺寸。

卫生间需要设置化粪池。挖化粪池之前要确认一下地下有没有埋东西。在化粪池中砌筑时，要戴好安全帽，注意边坡稳定。化粪池的盖板，在天气很冷时，混凝土预制板的强度可能不够，可以考虑用钢板代替。

卫生间地面浇筑前，要和安装单位确认，安装单位需要预埋蹲坑和小便器的水管。

卫生间的墙面需要贴砖。板房的材料不能用砂浆和面砖结合。可以用安装窗户用的耐候胶粘面砖。板房尺寸方正度不够时，可以先贴一纵列的面砖，然后弹一条线，把面砖割齐，再接着贴面砖。

（3）搬家时上编号　从旧项目往新项目搬板房时，原来的板房门口可以写上编号，方便运过来时工作人员找到位置。

Q46 塔式起重机基础施工要点

1. 施工顺序

放线 $\longrightarrow$ 挖土 $\longrightarrow$ 垫层 $\longrightarrow$ 砖胎膜 $\longrightarrow$ 防水 $\longrightarrow$ 钢筋 $\longrightarrow$ 模板 $\longrightarrow$ 混凝土 $\longrightarrow$ 拆模。

2. 各个工序注意点

放线时，要注意测两遍复核位置，有条件的可以在用全站仪定位后，再使用 GPS 复核。平面和标高由两个人分别计算，然后确认，避免计算错误。平面的尺寸，要留出砖胎膜的施工宽度，因此挖得要比塔式起重机基础大。

放线时，不仅要放出塔式起重机基础位置，还要在周围半米画上线或插上钢筋头。因

为挖掘机一挖，原来的线就看不到了，所以要留好控制线。

挖土时，注意安全，人和机械保持距离。为避免超挖，最后15~20cm由人工清理。如果超挖了，也不要回填土，要多浇筑垫层弥补。开挖完成后，检查持力层是否和图样一致。

垫层浇筑时要控制好标高。

砖胎膜砌筑前，要复核平面尺寸，明确砌筑高度。

防水施工要重点控制卷材搭接宽度，以及砖胎膜位置预留的长度。

钢筋施工要重点检查间距。钢筋施工要和塔式起重机预埋件安装协调好，防止有的塔式起重机在基础绑扎完上层钢筋后就装不上了。绑扎钢筋前要通知安装队伍，确认有无电气预埋件。

检查模板尺寸、加固是否牢固、预埋件固定情况，检查止水钢板是否焊接密实。

混凝土浇筑前要报验，通知安装队伍确认。混凝土浇筑可以用汽车泵，也可以自卸。浇筑过程注意模板有无漏灰、塔式起重机预埋件有无松动。要多留几组同条件试块，方便确认强度。

混凝土浇筑后要洒水养护，冬季施工要注意覆盖被子保温。

3. 各个工序工期和劳动力消耗情况

放线：2个人半天可以放完，挖土也要半天。

砖胎膜：4个人一天可以砌筑一个基础。

防水：2个人一天可以完成一个基础。

钢筋：4个人一天可以完成一个基础。因为没有塔式起重机，所以要提前考虑好怎么样才能把钢筋从钢筋加工场拉到施工现场。

模板：4个人两天可以完成一个基础的加固。

混凝土浇筑需要4个人半天完成一个基础。

拆模需要2个人半天完成，浇筑后3天拆模。

混凝土浇筑10天后可以检查强度，看看能否安装塔式起重机了。

第 3 章
┤ 施工阶段技术要点 ├

本章主要说明现场到底该管什么、怎么管这个问题，不仅介绍了施工阶段的安全、质量、进度、试验等工作的管理要点，还提供了提高施工员管理现场水平的方法。

3.1 安全管理要点

Q47 施工员怎样管安全

经常听到安全员抱怨施工员不管安全。其实施工员没有不想管好安全的，但是更多时候是不知道怎么管，只会抓一下工人抽烟。那么，施工员应该怎样做，才能管好安全呢？

任何人想干好一件事情，都离不开动力和能力。因此，施工员要从动力和能力两个方面来提高自己管安全的水平。

1. 动力上

（1）把安全当作自己的事情　虽然工地上有安全员，但是安全员只是起到监督作用。施工员要管安全，不能把安全全部当成是安全员的事情。

（2）安全无小事　觉得不会出问题的地方，可能恰恰是今后出问题的地方。平时遇到不合格的防护、违规的行为，要立刻整改。在编者曾负责的地下室区域，顶板上有个风井。风井被四个柱子围着，柱子之间的洞口盖了一层模板。我觉得没有人会从柱子

安全教育

中间走，虽然知道只有一层模板很危险，但是没有处理。结果有个晚上，有个人踩上模板掉到洞里，受伤了。

（3）安全要求应严格　自己觉得有问题的地方，那就肯定是有问题的。不要为了队伍方便，就放松了要求。须知，如果出了问题，队伍不会感激你的。

2. 能力上

（1）看规范　管安全也要看规范，可以从《建筑施工安全检查标准》开始，根据需要读相关规范，如高处作业、临电、脚手架等规范。读完就会发现，管安全完全不只是"看到工人抽烟制止一下"这么简单。看规范后，用规范去指导现场检查，这也是加深对规范的理解的过程。

（2）要学会分析的方法　工地那么大，容易出现不知道如何下手的情况。这就需要学会分析，把一个整体分解成一个个局部，然后去解析局部。对安全管理，可以分解为安全防护、安全设施、安全作业、机械设备、安全交底、脚手架等。对于脚手架，可以分解为基础、拉结、剪刀撑、杆件间距、杆件拉结、层间防护等。而对于这些分解后的构件，比如剪刀撑，就可以依据规范进行检查了。

（3）要及时总结经验　积累每次检查的经验，制作一个检查清单。下次检查，就可以拿着清单去检查了。可以参考"吊装作业管理要点"那一节中的吊装作业要点清单，读者也可以在平时及时总结经验，制作自己的检查清单。

Q48 总包管理人员怎样保证自身安全

（1）不要上脚手架　编者曾经在脚手架上检查模板，有一个地方需要蹲下检查，检查完站起来时，忽然发现蹲的地方后面的脚手架没有密目网，还刚好是剪刀撑和水平杆、立杆围成的三角形的空档。也就是说，如果刚才稍微往后挪一下，就可能掉下楼了。我们管理人员对架子不熟悉，上脚手架时务必要小心注意。

（2）远离大型车辆　见到挖掘机、罐车、铲车等大型车辆一定要离远一点，开这些车的司机有视野死角。有一次我在路上打电话，一个大铲车倒车从身边经过，离自己只有十几厘米就过去了，非常危险。

（3）注意塔式起重机　塔式起重机吊东西时，千万不要站在塔式起重机下面。曾经有一起事故，就是塔式起重机吊钢筋，钢筋散开砸下来，砸伤了管理人员。

（4）不要进地下室黑房间　地下室黑的房间可能有坑、洞，还有可能有带电的积

大型车辆边上危险

水，不要直接进去。曾有这样一起事故：下雨后停电了，一名管理人员下地下室合闸，结果被电伤了。

（5）不要踩模板　因为模板上经常有钉子。踩到钉子时，要挤出鲜血，及时去打破伤风。还有的模板下面是洞口，踩上模板会掉下去。因此看到模板不要踩。平时看到有钉子的模板，顺脚把钉子踩弯，防止伤到其他人。

（6）不要在楼边转　楼上可能会掉下石块、模板、木方。曾有一起事故，是大风把窗

台上的木方吹了下来，砸伤了工人。不要在楼四周6m防护里面转。

（7）不要站在基坑边上　工地的基坑有的没有按要求放坡，站在边上，土不稳定的话，容易出现滑坡。

（8）用好个人防护用品　管理人员自己戴好安全带、反光马甲，这样教育没戴安全帽的工人也才有底气。疫情期间，我发现了口罩的重要性。每天下班后，口罩都是黑的，如果不用口罩，每天要吸进去多少灰尘啊。地下室有积水的时候，要穿胶鞋，防止触电。

（9）不要爬爬梯　特别是固定在加气块里面的爬梯。我有一次搞维修，上屋面检查，爬了爬梯，结果把一根爬梯从加气块里面拽出来了，差点摔了下去。

（10）不要打架　总包管理人员和劳务管理人员起冲突时，不要打架，特别是自己人不多的时候。斗争要注意有利、有理、有节的原则。

Q49 吊装作业管理要点

1. 吊笼制作

吊装易散落物件时，需要使用吊笼。吊笼一般由分包单位自己制作。为了杜绝安全隐患，应统一明确吊笼制作的要求。吊笼制作要点如下：

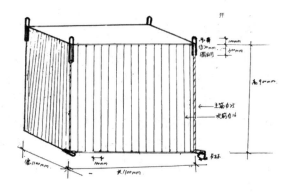

1）一般规格：1.1m×1.1m×0.9m，主筋φ25，次筋φ16，次筋间距100mm；吊耳焊接采用双面满焊，焊接长度不少于300mm，吊耳应兜底且圆钢应连续不间断，吊耳采用φ20的圆钢，材质为HPB300，如右图所示。

2）较大规格：可以选择长宽高为1.5m×1.1m×1.1m，主筋φ25，次筋φ16，次筋间距100mm；吊耳焊接采用双面满焊，焊接长度不少于300mm，吊耳应兜底且圆钢应连续不间断，吊耳采用φ20的圆钢，材质为HPB300。

3）较小规格：可以选择0.8m×0.8m×0.8m，主筋φ22，次筋φ16，次筋间距100mm；吊耳焊接采用双面满焊，焊接长度不少于300mm，吊耳应兜底且圆钢应连续不间断，吊耳采用φ20的圆钢，材质为HPB300。

4）所有吊笼统一刷红白漆，第一道红漆，第二道白漆，以此类推，红漆和白漆的宽度必须相等，封板高度与主筋平齐，底部必须封死且固定牢固。

主筋焊接部位圆钢加强

5）为保证吊笼的整体性及牢固性，主筋焊接部位，采用 HPB300 级、直径 20mm 的圆钢加强焊接，吊笼钢丝绳要求径粗不小于 18mm，绳卡采用 4 个。

2. 吊装过程控制要点

1）使用轮式起重机时，要在轮式起重机四周拉警戒线，轮式起重机支腿下要垫木方或钢板。

2）吊钩不得补焊，吊钩表面有裂纹时应该更换。

3）起重机与输电线最小距离：

输电线路电压 /kV	< 1	1~20	35~110	154	220	330
最小距离 /m	1.5	2	4	5	6	7

4）起重臂下严禁站人，物件吊运严禁从人员上方通过。

5）钢丝绳使用绳夹连接，应满足下表要求：

钢丝绳公称直径 /mm	≤ 19	19~32	32~38	38~44	44~60
钢丝绳夹最少数量 /m	3	4	5	6	7

钢丝绳夹夹座应在受力绳头一边，每两个钢丝绳夹的间距不应小于钢丝绳直径的 6 倍。

吊索里面两个钢丝绳中心夹角以 60°~90°为宜，钢丝绳吊较长物体时，夹角尽量不要超过 100°（钢丝绳容易从吊钩滑出），必要时可以使用铁扁担。

钢丝绳绳股断裂或一个捻距断丝数超过 6 根的，不得使用。捻距是指在捻股或合绳时，钢丝围绕股芯或绳股围绕绳芯旋转一周（360°）的起止点间的直线距离。

吊装过程中的其他控制要点，已列在下表中。可以打印后发放给信号工平时自检，也可以作为管理人员日常检查的依据。

信号工起重吊装检查清单

（　　月　　日）

项目	检查项							
吊装环境	视野			指挥信号			有无不明埋件	
	钢丝绳有无断丝、扭结			钢丝绳绳卡			吊钩有无裂缝	
吊装杆状物（钢管等）	是否超重							
	捆绑是否牢固							
	钢管有无长短吊							
	被吊物上有无人或物							
	卸扣方向							
	棱角处有无衬垫							
	重心居中							
吊散状物（使用吊笼）	是否四点吊							
	是否过满							
落钩	是否有垫木							

Q50 门式脚手架操作平台现场管理要点

本小节所说的门式操作架，具体指现场保温、安装、装修等工程中使用的，高度不高于四步，开口型的，由门架、交叉支撑、连接棒、挂扣式脚手板或水平架、锁臂等组成的操作平台。对这种类型的操作架，现场管理要点如下：

1. 基础

基础要平整、夯实，立杆下宜搭设垫板。现场施工时，有的作业人员经常在立杆下垫砖块调整高度，存在安全隐患。解决方法是和作业人员沟通好施工计划，提前安排机械平整场地。

2. 架体的高度和宽度限制

架体高度不应超过 5m，高宽比不应大于 2:1。

3. 架体扫地杆、剪刀撑、拉结点、斜撑、护身栏杆等注意事项

1）底层门架应设置纵、横向通长的扫地杆。纵向扫地杆固定在立杆上，离地距离在200mm以内，横向水平杆固定在紧靠纵向扫地杆下方的立杆上。

2）连墙件每 2 步 3 跨设置一个，架体端部必须设置。无法使用连墙件时，可以使用抛撑代替。抛撑倾角在 45°~60° 之间，斜撑设置于架体高度 2/3 处。抛撑在架体每边都要设置。

3）交叉剪刀撑要全数安装。

4）上、下门架的组装必须设置连接棒及锁臂，连接棒直径应小于立杆内径 1~2mm。

4. 架体使用过程中注意事项

1）操作人员作业中要使用安全带。

2）作业层要有 900mm 高的护身栏杆。

3）作业层要设置挡板，防止高空坠物。

4）作业层脚手板要满铺。

5. 移动式作业平台注意事项

1）移动式作业平台在移动时，操作平台上不得站人。

2）行走轮的制动器除了移动时，均应锁死。

右图是现场搭设的一处门架，对照管理要点，可以发现存在以下需要改进的地方：

1）基础不平整。立杆下用小砖垫着，不稳固。

2）没有安装扫地杆。

3）抛撑应该在端部设置。且本图中一共有 5 跨，按照 2 步 3 跨的布置方式，在架体中间也要加一个抛撑。

4）架体南北两面也要设置抛撑。

5）作业层脚手板要满铺，要设置 900mm 高护身栏杆，200mm 高挡脚板。

6）作业人员要使用安全带。

现场搭设的门架

Q51 模板支撑架施工和验收要点

1. 需要专家论证的情况

模板支架搭设高度 8m 及以上；跨度 18m 及以上。施工荷载 15kN/m² 及以上；集中线荷载 20kN/m 及以上。施工总荷载包括钢筋混凝土自重、模板自重、施工荷载。

满堂支撑架不宜超过 30m。

2. 原材料进场验收

钢管外径 48.3mm，允许偏差 ±0.5mm；壁厚 3.6mm，允许偏差 ±0.36mm。

钢管外表面锈蚀程度 ≤ 0.18mm。

3. 支架基础

立杆底部宜设置垫板。垫板长度不小于 2 跨，宽度不小于 200mm，厚度不小于 50mm。

支撑架必须设置纵、横向扫地杆。纵向扫地杆使用直角扣件固定在离钢管底端不大于 200mm 的立杆上，横向水平杆固定在紧靠纵向水平杆下方的立杆上。

4. 架体构造

（1）立杆悬挑端长度　立杆伸出顶层水平杆中心线至支撑点的长度：扣件式支架不应大于 500mm；碗扣式不应大于 700mm；承插式不应大于 650mm。满堂支撑架不应超过 500mm。

（2）托撑　满堂支撑架底座、托撑螺杆伸出长度不宜超过 300mm，插入立杆内的长度不得小于 150mm。

（3）立杆连接　立杆对接时，对接扣件要交错布置，相邻接头不应设置在同步内，同步内隔一根立杆的两个接头错开的距离不宜小于 500mm。接头离主节点不宜大于步距的 1/3。立杆采用搭接连接的，搭接长度不小于 1m，不少于 2 个旋转扣件固定，扣件端部离杆件端部大于 100mm。满堂支撑架必须使用对接扣件连接。

（4）水平杆连接　立杆对接时，对接扣件要交错布置，相邻接头不应设置在同步或同跨内，两个接头水平方向错开大于 500。接头离主节点不宜大于步距的 1/3。采用搭接连接的，搭接长度不小于 1 米，不少于 3 个旋转扣件固定，扣件端部离杆件端部大于 100mm。

（5）纵向水平杆　纵向水平杆设置在立杆内侧，单根长度不应小于 3 跨。

（6）剪刀撑　应使用旋转扣件固定在与之相交的水平杆或立杆上，扣件中心离主节点距离不宜大于 150mm。剪刀撑应采用搭接接长，搭接要求同立杆。

满堂支撑架应根据架体的类型设置剪刀撑，普通型应符合下列规定：

1）在架体外侧周边及内部纵、横向每 5~8m，应由底至顶设置连续竖向剪刀撑，剪刀撑宽度应为 5~8m。

2）在竖向剪刀撑顶部交点平面应设置连续水平剪刀撑。当支撑高度超过 8m，或施工荷载大于 15kN/m²，或集中线荷载大于 20kN/m 的支撑架，扫地杆的设置层应设水平剪刀撑。水平剪刀撑至架体底平面距离与水平剪刀撑的间距不宜超过 8m。

5. 架体稳定

1）模板支撑架不能和外脚手架相连。

2）拉结点。当满堂支撑架高宽比不满足《建筑施工扣件式钢管脚手架安全技术规范》

附录 C 表 C-2~表 C-5 的规定（高宽比大于 2 或 2.5）时，满堂支撑架应在支架的四周和中部与结构柱进行刚性相连，连墙件水平间距 6~9m，竖向间距 2~3m。

Q52 落地式脚手架现场常见问题

1. 对方案理解不准确

曾经有一个底商外立面拆改项目，方案里面写着脚手架高度 24m 以下应采用双立杆。实际施工时，队伍搭设了双钢管，但是整个底商外架只有十几米高，根本不需要双钢管，浪费了成本。方案的意思是高于 24m 的架体，24m 以上单立杆，24m 以下双立杆。不足 24m 的脚手架用单立杆。

出现这个问题的原因，一是对方案理解有误，二是方案编制者没有结合工程实际，只是摘抄规范，三是方案编制者没有进行技术交底。另外，如果刚刚开始搭设的时候，方案编制者能到现场看一下，也能减少损失。

因此，要求编制者应结合项目实际情况编制方案，在施工前要进行技术交底，施工刚开始及过程中要进行现场指导，搭设完成后要验收。

2. 基础不牢固

脚手架基础尽量浇筑垫层，没有垫层的，回填土要夯实。有个多层建筑，下雨后钢管下的土被冲走，出现好几根立杆悬空的情况。

3. 钢管位置关系

纵向扫地杆使用直角扣件固定在离钢管底端不大于 200mm 的立杆上，横向水平杆固定在紧靠纵向水平杆下方的立杆上。

纵向水平杆设置在立杆内侧，可以减少横向水平杆跨度，接长立杆和剪刀撑时比较方便，对高处作业比较安全。

4. 连墙件相关问题

从第一步纵向水平杆处开始设置。连墙件偏离主节点距离应小于 300mm。垂直距离小于层高。

制作写着"连墙件"的牌子，将其挂在架体外侧连墙件钢管端部。这样非常美观，也方便检查。

钢管位置关系

连墙件的设置要按照方案来，比如 2 步 3 跨，混凝土浇筑前就要检查预埋情况。

连墙件节点要有对比方案，比如是否用双扣件，扣件和钢管端部的距离等。

连墙件和剪刀撑对架体的稳定作用很大。编者亲身经历过的工程中，在某次台风过后，就发现按要求设置剪刀撑和连墙件的架体安然无恙，没有设置规范的架体则出现了变形。

5. 交底和验收

要保留并存档纸质签完字的交底。有一次某施工队脚手架搭设完成后出现很多问题，不愿意整改，还说总包没有交底。总包单位只是把方案给了队伍，没留签字的交底，导致比较被动。

6. 架体防护

比较矮的脚手架，比如底商的架子，要注意屋面上不要有临边出现。要搭设 1.2m 高的防护架。

层间防护，要求每隔 10m 用密目网封闭。作业层满铺脚手板，设置 180mm 高挡脚板。内排立杆和结构之间也要防护上。

7. 剪刀撑

剪刀撑要在挂密目网之前搭设。否则密目网挂完后，就只能人在架子外面搭设剪刀撑了，这样非常危险。

剪刀撑搭接时，搭接长度应不小于 1m，不少于 2 个旋转扣件固定，扣件端部离杆件端部大于 100mm。剪刀撑相交处，相交钢管要连接。

脚手架验收牌

作业层铺水平防护网

8. 立杆连接方式

除了顶层防护的 1.2m，立杆不准用搭接接长。

9. 横向斜撑

要注意施工电梯位置，架体拆除后形成了开口，开口位置要布置斜撑。

10. 斜道

斜道标准：人行斜道应宽度不小于 1m，坡度不大于 1∶3；运料斜道应宽度不小于 1.5m，坡度不大于 1∶6。

斜道两侧设置 1.2m 高栏杆和 180mm 高挡脚板；斜道每隔 250~300mm 设置一个防滑木条。斜道两端设置连墙件，外侧设置剪刀撑。

11. 钢管吊装

外墙拆除时，注意钢管不要长短一起混吊。

Q53 悬挑脚手架现场安装验收要点

1. 搭设施工要点及节点详图

查询方案确定各项参数。以一个高层项目为例，悬挑脚手架立杆下部支撑在用 16 号工

字钢制作的平悬挑梁上，横距为0.8m，纵距为1.5m，步距为1.8m，内立杆离墙面0.3m。连墙件采用刚性连接（双扣件连接），按两步三跨设置。钢梁端部采用6×19直径14.0mm的钢丝绳进行斜拉。

1）悬挑工字钢：悬挑工字钢长度见悬挑架布置图。待混凝土强度达到10MPa后（20℃约3天），再进行工字钢悬挑梁安装，在混凝土强度达到20MPa（20℃约7天）后才能逐步施加脚手架荷载。

2）锚固筋：挑梁设三道锚筋，第一道设置在距梁锚固段端部20cm处；第二道设置在距梁锚固段端部40cm处；第三道在有墙时设置在距墙10cm处，在无墙时设置在距楼边30cm处。

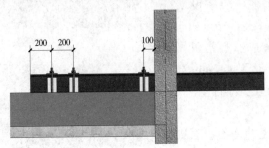

锚固筋一定要压在楼板下层钢筋下面，锚固深度不小于10cm，钢筋外露长度不小于35cm。

3）在操作层上，脚手架外侧大横杆与脚手板之间要按要求设置两道防护栏杆和挡脚板，上栏杆高度为1.2m，下栏杆高度为0.6m，挡脚板高度为18cm。

4）操作层满铺脚手板，脚手板与墙体的距离不得大于15cm，用钢筋和镀锌铁丝绑牢。脚手架阴阳角处必须设置立杆，每步架大横杆必须设四道。施工作业层按2层计，每层活荷载为3kN/m²，脚手架外立杆里侧挂密目网封闭施工。

5）节点详图。

①脚手架搭设节点示意可参见下图所示。

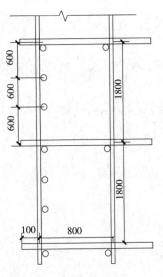

a）脚手架立面示意图

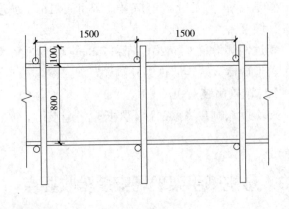

b）脚手架平面示意图

脚手架搭设示意图

②悬挑梁构造示意可参见下图所示。

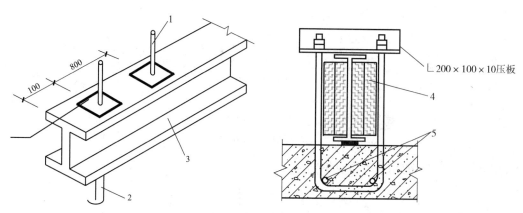

悬挑工字钢安装示意图

1—钢筋（φ25钢筋，高度20cm，与型钢满焊） 2—钢筋（φ25，高度20cm，与型钢满焊）
3—16号工字钢 4—木楔侧向楔紧 5—两根1.5m长，直径18mm，HRB335钢筋

③脚手架拉结件设置示意可参见下图所示（楼层边为墙或梁或洞口三种形式，采用双扣件连接）。

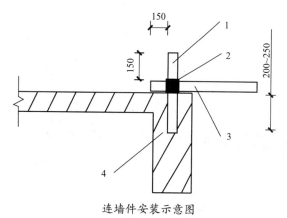

连墙件安装示意图

1—预埋钢管 2—直角扣件 3—拉结钢管 4—钢筋混凝土梁

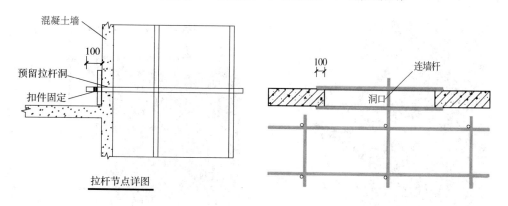

拉杆节点详图

洞口处墙或梁与主节点距离大于300mm时连墙件节点示意

④钢丝绳斜拉构造示意图如下所示。

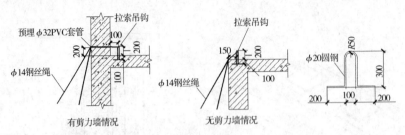

钢丝绳构造示意图

⑤型钢悬挑脚手架构造可参见下图所示。

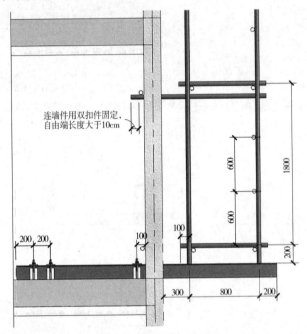

型钢悬挑脚手架构造图

⑥转角处做法参见下图所示。

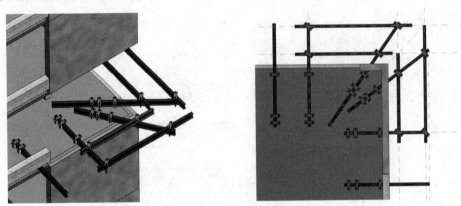

型钢悬挑脚手架转角处搭设示意图

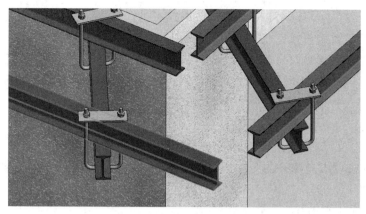

型钢悬挑脚手架工字钢连接示意图

2. 纵向水平杆

1）纵向水平杆采用 6m 长钢管，布置在立杆内侧，与立杆交接处用直角扣件连接，不得遗漏。纵向水平杆间连接采用对接扣件，接头与相邻立杆距离不大于 500mm。相邻纵向水平杆的接头必须相互错开，不得出现在同步、同跨内。

2）当使用木脚手板时，纵向水平杆应作为横向水平杆的支座，用直角扣件固定在立杆上。

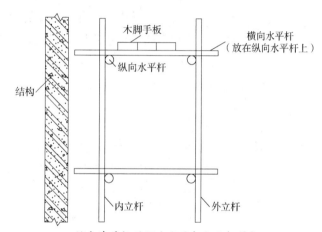

铺木脚手板时纵向水平杆与立杆紧扣

3. 横向水平杆

1）主节点处必须设置一根横向水平杆，用直角扣件扣接且严禁私自拆除。

2）作业层上的非主节点处的横向水平杆，根据支撑脚手板的需要，等间距设置，最大间距不应大于纵距的 1/2。

3）当使用木脚手板时，双排脚手架的横向水平杆两端均应采用直角扣件固定在纵向水平杆上。

4. 脚手板

1）作业层脚手板应铺满、铺稳，距离墙面 120~150mm。

2）木脚手板应设置在三根横向水平杆上。当脚手板长度小于 2m 时，可采用两根横向水平杆支承，但应将脚手板两端与其可靠固定，严防倾翻。木脚手板的铺设采用对接平铺，接头处必须设两根横向水平杆，脚手板外伸长度应取 130~150mm，两块脚手板外伸长度的和不应大于 300mm，如右图所示。

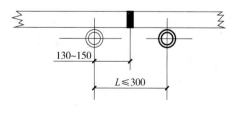

脚手板对接构造

3）作业层端部脚手板探头长度应取 150mm，其板长两端均应与支承杆可靠固定。

5.立杆

1）每根立杆底部应焊接在工字钢的钢筋头上。

2）脚手架必须设置纵向、横向扫地杆。纵向扫地杆应采用直角扣件固定在距底座上端不大于200mm处的立杆上。横向扫地杆也应采用直角扣件固定在紧靠纵向扫地杆下方的立杆上。

3）立杆必须用连墙件与建筑物可靠连接。

4）立杆接长除顶层顶步可采用搭接外，其余各层各步接头必须采用对接扣件连接。立杆上的对接扣件应交错布置：两根相邻立杆的接头不应设置在同步内，同步内隔一根立杆的两个相隔接头在高度方向错开的距离不宜小于500mm；各接头中心至主节点的距离不宜大于步距的1/3。搭接长度不应小于1m，应采用不少于2个旋转扣件固定，端部扣件盖板的边缘至杆端距离不应小于100mm。

6.连墙件

1）连墙件宜靠近主节点设置，偏离主节点的距离不应大于300mm。

2）当脚手架下部暂不能设连墙件时，可搭设抛撑。抛撑应采用通长杆件与脚手架可靠连接，与地面的倾角应在45°~60°之间；连接点中心至主节点的距离不应大于300mm。抛撑应在连墙件搭设后，方可拆除。

7.剪刀撑

1）每道剪刀撑宽度不应小于4跨，且不应小于6m，斜杆与地面的倾角宜在45°~60°之间。每道剪刀撑跨越立杆的根数应按下表规定确定：

剪刀撑斜杆与地面的倾角 α	45°	50°	60°
剪刀撑跨越立杆的最多根数 n	7	6	5

2）在外侧立面的两端各设置一道剪刀撑，并由底至顶连续设置，中间各道剪刀撑之间的净距应不大于15m。

3）剪刀撑斜杆的接长采用搭接连接，搭接长度应不小于1m，采用不少于2个旋转扣件固定，端部扣件盖板的边缘至杆端距离应不小于100mm。

4）剪刀撑斜杆用旋转扣件固定在与之相交的横向水平杆的伸出端或立杆上，旋转扣件中心线至主节点的距离应不大于150mm。

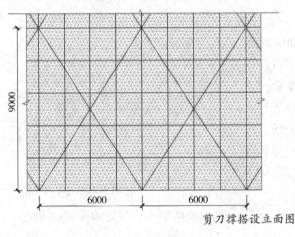
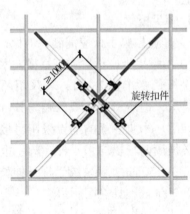

剪刀撑搭设立面图

8. 安全围护

脚手架外围满挂密目网，密目网应选用有国家认可的质量监督检验部门的检验合格报告、有生产单位质量检验合格证和安鉴证的密目网，密目网要用尼龙绳与脚手架绑扎牢固。每悬挑层下必须设平网，每隔不大于 10m 再设层间安全平网。安全平网内侧距墙体不得大于 15cm，大于时应加设安全平网进行有效防护。

为了保证密目网的质量，必须采用具备"准用证"和合格证明文件的产品。

9. 斜拉钢丝绳

在工字钢悬挑层的上层混凝土结构圈梁或板内预埋 $\phi20$ 圆钢拉环，钢筋两端设弯钩钩住梁或板的主筋，钢筋锚入混凝土结构内长度不少于 30cm，详见吊钩详图。在该层楼板混凝土强度达到设计强度后，及时采用 $\phi14$ 钢丝绳对钢梁进行斜拉。钢丝绳两端各采用不少于 3 道钢丝绳卡头卡紧，并确保钢丝绳拉直绷紧。

10. 脚手架拆除

1）拆除作业必须由上而下逐层进行，严禁上下同时作业；脚手架的拆除顺序与搭设顺序相反，先搭的后拆除，后搭的先拆除。一般顺序为：密目网——挡脚板——竹笆片——扶手——剪刀撑——小横杆——大横杆——立杆。拆除应自上而下一步步进行，一步一清，不得采用踏步式拆法，严禁上下同时作业。剪刀撑应先拆中间，再拆两头扣，由中间操作人员向下传递。

2）拆架时应划分作业区，周围设绳绑围栏或竖立警戒标志，地面设专人指挥，禁止非作业人员进入。

3）拆架的高处作业人员应戴安全帽、系安全带、扎裹腿、穿软底防滑鞋。

4）拆架程序应遵守"由上而下，先搭后拆"的原则，即先拆拉杆、脚手板、剪刀撑、斜撑，后拆小横杆、大横杆、立杆等，并按"一步一清"原则依次进行。必须分层拆除，严禁上下同时进行拆架作业。

5）拆立杆时，要先抱住立杆再拆开最后两个扣，拆除大横杆、斜撑、剪刀撑时，应先拆除中间扣件，然后托住中间，再解端头扣。当脚手架拆至下部最后一根长立杆的高度时，应先在适当位置搭设临时抛撑加固后，再拆除连墙件。

6）连墙杆（拉结点）应随拆除进度逐层拆除，禁止提前拆除。

7）拆除时要统一指挥，上下呼应，动作协调。当解开与另一人有关的结扣时，应先通知对方，以防人员坠落。

8）拆架时严禁碰撞脚手架附近电源线，以防触电事故发生。

9）在拆架时，不得中途换人，如必须换人时，应将拆除情况交代清楚后方可离开。

10）拆下的材料要徐徐下运，严禁抛掷。运至地面的材料应在指定地点随拆随运，分类堆放，当天拆当天清，拆下的扣件和铁丝要集中回收处理。

11）输送至地面的杆件，应及时按类堆放，整理保养。

12）当天离岗时，应及时加固尚未拆除的部分，防止存留隐患造成复岗后的人为事故。

13）如遇强风（6级及以上）、大雨、雪等特殊气候，不应进行脚手架的拆除作业。严禁夜间拆除。

Q54 吊篮平时检查要点

吊篮投入使用后，作业人员每天使用前都要检查一遍。总包的管理人员平时也要经常检查，检查要点有：

（1）吊篮支架螺栓 检查吊篮支架螺栓是否有松动的。吊篮在使用过程中，由于震动等因素，会出现支架螺栓松动的情况，需要定时检查。

（2）配重块 检查配重块是不是有开裂的。检查配重块是不是锁上了，如下图所示。

（3）限位装置 检查限位挡板是不是缺失了。检查限位装置是不是正常工作。

（4）钢丝绳 检查钢丝绳卡扣是否设置正确，如右图所示。夹压板要在钢丝绳受力的一端。

（5）前支腿 检查队伍有没有图省事，把前支腿取消了。不要直接把大臂放在女儿墙上。

（6）重锤 要使用规范的重锤，不要把钢丝绳绑在加气块上。钢丝绳的重锤离地要有距离。

（7）材料重量 比如贴岩棉时，吊篮能放几块岩棉，和作业人员交好底。

（8）作业人员 数量不要超过2人，要使用安全带。严禁从窗户上下吊篮的行为。

（9）断电 风大（超过5级）时，吊篮要落地、断电。下雨前把吊篮电机盖好、断电。

Q55 施工用电管理要点

土建施工员对临电没有知识储备，不知如何管理。本小节介绍了临电基本知识和现场管理要点，可供土建施工员参考。

1. 临电基本知识

（1）工作接地　在采用380/220V的低压电力系统中，一般都从电力变压器引出四根线，即三根相线和一根中性线，这四根兼做动力和照明用。动力用三根相线，照明用一根相线和中性线。在这样的低压系统中，正常或故障的情况下，都能使电气设备可靠运行，并保障人身和设备的安全，一般把系统的中性点直接接地，即为工作接地。由变压器三线圈接出的也叫中性线即零线，该点就叫中性点。

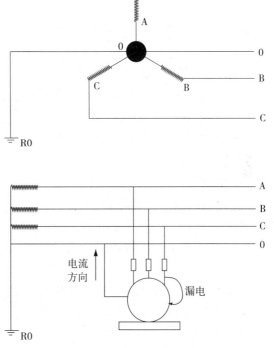

（2）保护接地　保护接地就是电气设备在正常运行的情况下，将不带电的金属外壳或构架用足够粗的金属线与接地体可靠地连接起来，以达到在相线碰壳时保护人身安全，这种接地方式就叫保护接地。

（3）保护接零　保护接零就是电气设备在正常运行的情况下，将不带电的金属外壳或构架与电网的零线紧密地连接起来，这种接线方式就叫保护接零。

如上图所示，当设备漏电时，相线C的电流通过设备外壳回到零线。由于电设备外壳阻很小，导致线路电流很大，这样就发生了短路。

（4）TN-S接零保护系统　在低压电网已做了工作接地时，应采用保护接零，不应采用保护接地。

因为用电设备发生碰壳故障时：

1）采用保护接地时，故障点电流太小。

2）每台用电设备采用保护接地，需要一定数量的钢材打入地下，费工

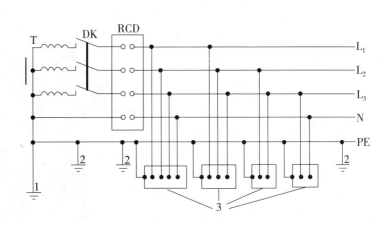

费材料，而采用保护接零敷设的零线可以多次周转使用，从经济上也是比较合理的。

在同一个电网内，不允许一部分用电设备采用保护接地，而另外一部分设备采用保护接零。如果采用保护接地的设备发生漏电碰壳，将会导致采用保护接零的设备外壳同时带电。

（5）重复接地　除在中性点做工作接地外，还必须在接地线上一处或多处重复接地，按照 JGJ 46—2005《施工现场临时用电安全技术规范》中第 5.3.2 条规定：保护零线除必须在配电室或总配电箱处做重复接地外，还必须在配电系统的中间和末端处做重复接地。即在施工现场内，重复接地装置不应少于三处，每一处重复接地装置的接地电阻值应不大于 10Ω。

重复接地的作用：

1）相线碰壳时重复接地可降低零线上的对地电压。

2）在零线断裂时重复接地可减轻触电的危险。

3）零线断裂，三相负载不平衡时，重复接地可减轻电气设备的损害程度。

（6）漏电保护器原理　当设备外壳发生漏电并有人触及时，则在故障点产生分流，此漏电电流经设备外壳 / 人体、大地 / 工作接地，返回变压器中性点（并未经电流互感器），致使互感器流入、流出的电流出现了不平衡（电流矢量之和不为零），一次线圈申产生剩余电流。因此，便会感应二次线圈，当这个电流值达到该漏电保护器限定的动作电流值时，自动开关脱扣，切断电源。

2. 现场管理要点

（1）外电线路　现场平面布置时，要考虑工地外部的高压线。布置塔式起重机时要留出安全距离。

使用轮式起重机吊装作业时，要和高压线留出安全距离。

高压线下面不要堆放材料。

（2）工地主电缆　使用挖掘机开挖时，应先联系电工看看土里有没有埋临时电缆。

电缆埋深要在 0.7m 以上。

（3）配电箱和开关箱　用电设备必须有各自专门的开关箱，不能使用插排，不能一闸多机。

被挖破的电缆

许总带队检查现场临电

146

（4）接地和接零　不能一部分设备接地，一部分设备接零。

接地装置的接地线应采用2根及以上导体，在不同点与接地体连接。

电气设备的金属外壳要接零。

（5）配电线路　电缆不能拖地。特别是地下室比较潮湿，要使用绝缘挂钩挂起来。

Q56 安全防护要点

1. 洞口防护

（1）竖向洞口　当竖向洞口短边尺寸小于500mm时，应采用封堵措施；当竖向洞口短边尺寸不小于500mm时，应在临空一侧设置高度不小于1.2m的护栏杆，并采用密目网或工具式栏板封闭，设置挡脚板。

墙面等处落地的竖向洞口、窗台高度小于80cm的竖向洞口，应按临边防护要求设置栏杆。楼梯间的通风井属于竖向洞口，要做好防护。

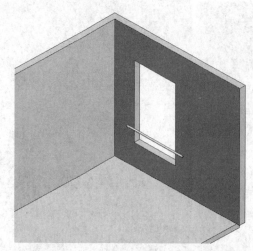

窗台高度小于80cm的竖向洞口,增加钢管防护

不合格的防护还不如没有防护

开敞阳台、窗台等位置,要按要求设置临边防护,同时和队伍交好底,告诉他们什么时候拆除。有个项目,保温施工的时候把阳台钢管都拆了,最后又全部恢复了一遍。

人站在凳子上施工阳台顶棚时,防护栏杆的高度就不够了。应该在室内固定钢管,人的安全带固定在钢管上。

（2）水平洞口　当水平洞口短边尺寸为25~500mm时,应采用不能自由移位的盖板覆盖;短边尺寸为500~1500mm时,应采用专项设计的固定盖板覆盖;短边尺寸不小于1.5m时,应在洞口作业侧设置高度不小于1.2m的防护栏杆,并采用密目网或工具式栏板封闭,洞口应采用安全平网封闭。

烟道洞口两边靠墙,盖一块模板并不牢固。应该主体阶段就预留钢筋,然后盖上模板。

水平洞口的防护一定要牢固。不牢固的防护,比没有防护更加危险。没有防护,人会主动避让;看上去有防护,人会觉得没事反而踩上去,容易出问题。有个项目,车库顶板有风井,风井由四个柱子围着,风井洞口铺了模板。有个晚上,有人为了走近路,踩在了模板上,掉了下去,还好人最后没事。

2.临边防护

1）坠落高度基准面2m及以上临边作业时,应在临空一侧设置防护栏杆,并采用密目网或工具式栏板封闭,设置挡脚板。

2）分层施工的楼梯口、楼梯平台和梯段边,应安装防护栏杆;外设楼梯口、楼梯平台和梯段边还应采用密目网封闭。

3）临边作业防护栏杆应由横杆、立杆及不低于180mm高的挡脚板组成,并应张挂密目网;防护栏杆应设置两道横杆,上杆距地高度应为1.2m,下杆应在上杆和挡脚板中间设置,当防护栏杆高度大于1.2m时,应增设横杆,横杆间距不应大于600mm;防护栏杆立杆间距不应大于2m,横杆长度大于2m的,要设置栏杆柱。

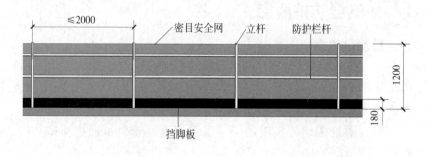

4）防护栏杆立杆和横杆的设置、固定及连接，应确保防护栏杆在上下横杆和立杆任意处均能承受任意方向的最小 1kN 的外力作用。

3. 电梯井防护

主体结构施工时，可以使用定型化洞口防护装置。

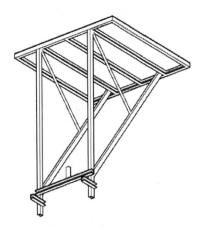
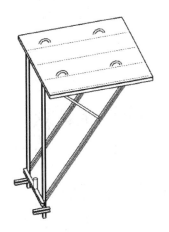

电梯竖向洞口可以使用标准化防护。

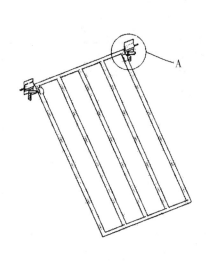
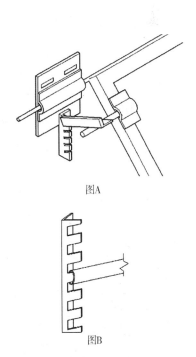

图A

图B

4. 通道口防护

1）施工现场人员进出的通道口及处于起重设备覆盖范围内的通道，顶部应搭设防护棚。

2）防护棚的顶棚应使用双层搭设，间距不应小于 700mm，顶部应采用厚度不小于 50mm 的木板或采用与木板等强度的其他材料搭设，防护棚长度应根据建筑物高度与坠落半径（如下表）确定。

序号	上层作业高度 /m	坠落半径 /m
1	$2 \leqslant h < 5$	3
2	$5 \leqslant h < 15$	4
3	$15 \leqslant h < 30$	5
4	$h \geqslant 30$	6

3.2 分项工程要点

Q57 钢筋工程要点

钢筋安装、验收过程的控制点总结在下面两张清单中。读者可以根据自己工程实际修改使用。

墙柱钢筋验收清单

时间：　　年　月　日　　　　　　　　　　　　　部位：　　号楼　　层

序号	对象	要求	检查
1	水平钢筋	间距、搭接长度、绑扎情况 暗柱内锚固情况 转角处构造情况	
2	竖向钢筋	钢筋间距、搭接长度 机械连接位置、接头露丝情况 起步筋位置 和水平钢筋位置关系 混凝土浇筑产生的污染是否已清理	
3	拉钩	绑扎情况、间距、位置	
4	边缘柱	箍筋间距、钢筋搭接	
5	连梁	锚固长度 箍筋间距、起步距离	
6	洞口和预埋件	洞口加筋情况 预埋件安装情况	
7	其他	混凝土凿毛情况 外架脚手板、安全带使用情况 临边防护情况 顶层、底层、变截面处构造情况	

梁板钢筋验收清单

时间： 年 月 日 部位： 号楼 层

序号	对象	要求	检查
1	板筋	钢筋规格、间距、放置顺序 起步位置、弯钩长度 马镫数量、间距 伸入板内、支座长度 绑扎情况 温度筋等构造钢筋安装情况 空调板钢筋安装质量 阳角放射筋安装情况	
2	梁主筋	钢筋规格、数量 钢筋搭接长度、位置 机械连接位置 节点内锚固情况 梁下部绑扎情况	
3	梁箍筋	间距、直径、起步位置 弯钩角度、长度 加密情况（搭接处、节点周围）	
4	保护层	垫块设置情况	
5	洞口和预埋件	洞口数量、位置 洞口加筋情况	
6	其他	板钢筋上铺跳板，成品保护 焊接下垫木方 电线不得挂在钢筋上	

检查钢筋保护层厚度

钢筋材料标识牌

梁节点钢筋做法

Q58 怎样保证模板质量

施工员验收模板的时候，多是关注安全方面的问题，比如支撑架是否按照方案设置、内外架有没有相连等，较少从质量角度验收模板。模板的质量往往完全由队伍自己控制，形成质量管理盲区。

拉线验收模板标高

而模板质量的控制十分重要。在编者曾经管的楼，木工队伍的队长一直跟着工人一起干活，没什么管理，浇筑混凝土拆模以后有很多问题。后来换了一个新队长，他每天也跟着干活，但是总是隔一段时间就拿着尺子到处量，快验收的时候就拿着铁片、钉子、海绵条到处检查修补。结果他来之后混凝土的外观质量变好了很多。跟着他，我学了一点模板验收的方法。

1. 平整度垂直度检查

对于墙模板，在旁边吊一根垂线，用尺子量不同位置线和模板的距离。那位木工队长自己做了一个可以挂在支撑架钢管上的测量工具，后来我还为这个工具申请了专利。

对于板的模板，做法是沿对角线拉施工线，测量不同地方线和板模板之间的距离，保证板中间稍微起拱。板四周的钢筋上打了控制点，每个控制点和板模板的距离都要复核一遍。

2. 拼缝处理

外墙、楼梯间接茬拼缝位置，要贴海绵条，防止漏浆。内墙接茬位置，放置角钢，防止烂根。如右图所示，这种做法后来也申请了专利。

对于板的拼缝，透光的都要贴上海绵条。破损的模板钉上小铁片修补。

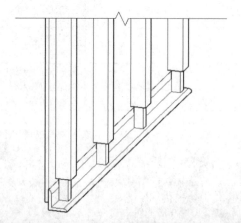

3. 其他注意事项

墙柱模板里面要检查是否有矿泉水瓶等垃圾。

模板拆模后要清理干净，隔离剂要刷均匀。

加工模板产生的木屑要及时清理，特别是整层换模板的时候，木屑很多，不要掉到墙柱模板里面。

楼梯间滴水线、女儿墙卷材收头位置要按方案要求留置模板。

屋面过水洞位置不要忘记留洞，排水口位置洞口标高要提前定好。电梯机房有预埋件吊钩，提前加工处理。

楼梯模板

Q59 混凝土施工要点

1. 施工前准备

混凝土浇筑前，要做好验收工作。土建监理验收时，一般主要关注钢筋质量，因此，土建施工员自己要做好安全方面的验收。混凝土浇筑前，还要找安装施工员确认一下安装方面的监理有没有完成验收。

除了做好验收工作，还要提前协调好各个生产要素。比如要提前联系搅拌站报好混凝土计划，提前收听天气预报，现场确认好道路等。

报混凝土计划，要说明施工单位、工程名称、施工部位、混凝土标号、方量、坍落度、浇筑方式、浇筑时间、直接发还是打电话要、现场联系电话等信息。第一车需要带砂浆时，要备注上。大体积混凝土要提前一星期报混凝土计划。

混凝土浇筑前验收

验收完成后，等泵车支设到位再联系搅拌站发灰。宁愿现场多等一会儿，也不要提前发灰，避免出现罐车到了却无法浇筑的情况。

要灰时，要说明第一车带不带砂浆，以及前几车标号、方量情况。使用地泵浇筑，楼层较低时带 $1m^3$ 砂浆，较高时带 $2{\sim}3m^3$ 砂浆。汽车泵浇筑也要用砂浆润管。一般先发一车墙柱的，再发一车梁板的，然后根据现

混凝土养护

场情况确定下一批。方量不确定时，先要到 80%。最后一车，通过脚步测量等方法看看还缺多少再要，即"掐方"。另外，浇筑前和队伍沟通好要灰顺序，浇筑完成后总结一下，下次浇筑标准层可以用。

要注意墙柱混凝土标号在哪一层改变，不要标号弄错了。

每次浇筑混凝土，都要总结一下经验，形成清单，避免以后出现同样问题，提高管理效率。本小节后面是一个可以参考的清单，可以根据工程实际修改。

2. 质量控制要点

混凝土到现场后出现泵送困难时，要联系搅拌站技术人员来现场调整。调整后还是不能满足要求的，应要求搅拌站换一车。搅拌站不愿意更换时，可以告诉他们如果出现堵泵等问题，费用他们承担，一般搅拌站就开回去了。

混凝土浇筑时，要注意分层浇筑，分层振捣。分层厚度 300~500mm；震动棒插入间距 400mm 左右，振捣时间 15~30s。

混凝土浇筑完成后，要覆膜养护。天热时洒水，冬季施工要盖被子保暖。

结构面层混凝土搓毛两遍以上，防止出现裂缝。地面建筑面层混凝土浇筑时，必须做好面层的抹平和压光工作。

1）第一遍抹压：将脚印抹平，至表面压出水光为止。

2）第二遍抹压：当面层开始凝结，地面上用脚踩有脚印但不下陷时进行，把凹坑、砂眼填实、抹平。

3）第三遍抹压：当面层上人用脚踩稍有脚印，而抹压无抹纹时，应用铁抹子进行第三遍抹压，抹压时要用力稍大，抹平压光不留抹纹为止，压光时间应控制在终凝前完成。

这三遍抹压的具体时间和天气，混凝土等相关，因此地面混凝土浇筑完成后，要留人看着，确定压光的时机。另外，压光的人数也要保证，人数不够会来不及收面。

3. 其他要点

工地现场没有地泵时，要联系周围地泵，对罐车抽查几次。每次混凝土浇筑后，要把预算方量、实际方量发到工作群里，便于商务部门核算。

混凝土拆模后，要观察哪些地方出现质量缺陷，下一次重点关注。

模板支撑架拆除后，及时做实测实量。

4. 附件

混凝土浇筑前准备清单

时间：　　年　月　日　　　　　　　　　　　　　　　部位：　　号楼　　层

序号	对象	要求	检查
	验收情况	安装单位是否已完成验收 监理单位是否已同意浇筑 是否通知试验员留置试块	
	环境	搅拌站供应情况 天气情况 道路是否通畅 汽车泵有无场地 塔式起重机、泵车、水、电是否到位 夜间施工照明	
1	模板定位筋	是否设置、绑扎是否牢固	
2	拉结点	埋深、数量、外露长度	
3	预制楼梯预留钢筋	是否留置	
4	外架与主体缝隙	是否铺脚手板、是否加大横杆	
5	阳角短钢管	是否放置	
6	卸料平台预埋	U形环数量、位置	
7	楼梯间、电梯井防护	防护情况	
8	东西山墙、楼梯间拉结点	是否预留套管	
9	采光井拦腰护栏	是否设置、有无临边	
10	模板支撑架	自由端长度、梁下支撑 泵管固定情况 布料机下加固情况	

Q60 砌体工程施工要点

1. 入场时间

砌体工程的紧后工作很多，所以应该尽快入场。一般底层脚手架拆除后，就应该考虑制作施工电梯基础，准备开始砌体工程了。

2. 与其他专业、工序的配合

砌体工程开始前，需要安装单位提供留洞图。要和管道、烟道安装单位确认现场，看看墙砌筑后会不会影响管道、烟道的安装，有影响的部位提前安装。

外立面空调机位有砌体、构造柱的，应该在外架拆除前施工完。

抹灰工程要等到主体结构验收完才能开始。

3. 质量管理要点

（1）排砖图 砌体工程施工前应该制作排砖图，可以用 Auto CAD 画，有条件的项目可以用广联达 BIM5D 自动排砖。实在没有办法的，应该现场做一个样板层。

构造柱、圈梁位置设计单位有图样的，按照图样施工；没有图样的，应该按规范设置，施工前让业主、设计单位确认。

（2）灰缝 加气块砂浆饱满度规范要求是水平和竖向都不小于80%。这一点交底要清楚，施工过程中要检查到位。

加气块水平灰缝灰缝厚度宜为15mm，竖向灰缝厚度宜为20mm。

（3）构造柱 构造柱的钢筋搭接长度、箍筋间距容易出问题。浇筑混凝土时，顶部容易出现不密实的情况。这些都要要求分包单位按照方案施工。

（4）墙顶部 墙顶部要在砌筑七天以后再塞顶。图样要求设置木塞的，应按要求设置。

（5）材料选择 埋在土中的砌体材料

排砖图

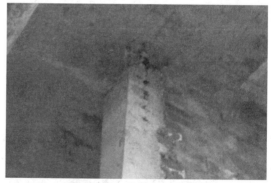

构造柱顶部容易出现不密实

不宜使用加气块；有防水要求的房间，墙体底部设计上可能是混凝土反坎；门洞口固定门框的位置可能是实心砖。这些部位要提前看图，做好交底。

4. 施工定额

每 $10m^3$ 的加气混凝土砌块墙，一般要人工15个，即每个大工每天能砌筑 $1.5m^3$ 左右加气块。

Q61 防水工程施工要点

1. 地下防水工程

（1）防水混凝土养护　防水混凝土终凝后应立即进行养护，三天内每天浇水 4~6 次，以后每天浇水 2~3 次，养护时间不少于 14 天。

（2）卷材搭接　高聚物改性沥青类卷材应为 150mm，合成高分子类卷材应为 100mm。

（3）卷材收头　要查询图样节点，看看卷材在外墙哪个位置收头。一般是室外地坪以上 500mm。有个项目卷材没有收头，楼上保温板直接接地了。最后把保温板拆补卷材。

（4）满铺和空铺　卷材与基层的粘结方法可分为满粘法、条粘法、点粘法和空铺法等形式。

空铺法：铺贴卷材防水层时，卷材与基层仅在四周一定宽度内粘结，其余部分采取不粘结的施工方法；

条粘法：铺贴卷材时，卷材与基层粘结面不少于两条每条宽度不小于 150mm；

地下室外墙防水没有留接头，导致防水施工非常麻烦

点粘法：铺贴卷材时，卷材或打孔卷材与基层采用点状粘结的施工方法。每平方米粘结不少于 5 点，每点面积为 100mm × 100mm。

通常都采用满粘法，而条粘、点粘和空铺法更适合于防水层上有重物覆盖或基层变形较大的场合，是一种克服基层变形拉裂卷材防水层的有效措施，设计中应明确规定，选择适用的工艺方法。

无论采用空铺、条粘还是点粘法，施工时都必须注意：距屋面周边 800mm 内的防水层应满粘，保证防水层四周与基层粘结牢固；卷材与卷材之间应满粘保证搭接严密。

（5）重要节点　桩头部位要严格按照节点施工。有个项目桩头防水没有做好，结果底板一直渗漏，注浆也堵不住。

桩头处理

转角位置都要有附加层。

穿墙群管很密的情况下，管和管直接卷材铺不了，要预埋钢片。

穿墙管迎水面要增加卷材附加层，沿着管根向外150mm以上。

后浇带要清理干净再浇筑。地下室防水不仅靠卷材，也要靠防水混凝土。

（6）成品保护　卷材预留的接头用木板或砂浆保护好。

肥槽回填前，要做好卷材保护墙。

后期开挖时，容易破坏卷材，发现破坏卷材时要报告项目部。

2. 卫生间防水工程

地漏位置做法见下图：

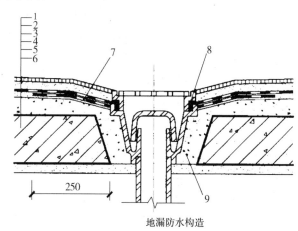

地漏防水构造

1—楼、地面面层　2—粘结层　3—防水层　4—找平层　5—垫层或找破层

6—钢筋混凝土楼板　7—防水层的附加层　8—密封膏　9—C20细石混凝土掺聚合物填实

该图摘引自《住宅室内防水工程技术规范》JGJ 298—2013图5.4.3

重点是地漏位置防水层和塑料管之间要结合在一起，不要有漏水隐患。有个项目，防水涂料刷到地漏塑料管就停了，没有在立管上翻，也没有用密封膏结合。结果蓄水的时候一半以上地漏位置都漏水了。

3. 外墙防水

（1）空调机位　空调机位处，因为总包管理人员检查不到，且施工也不是很方便，容易出现质量问题。应该要求队伍每个机位拍照片留存。

交工前，地漏位置的保护膜要撕掉。可以安排安装队伍撕保护膜，过程中让他们检查一下地漏有没有被盖死的，没做防水的，或是堵住的。

总包管理人员尽量自己抽查一些空调机位。

（2）阳台　阳台位置主要是做好施工安排。先做防水，再做保温板接底。不要出

窗户位置外墙漏水

现保温板接底了，防水还没做，最后只能拆掉保温板，造成返工损失。

4. 施工定额

序号	项目名称	消耗量（工日 /10m²）	备注
1	SBS 立面一层	0.42	
2	SBS 立面增加一层	0.36	
3	SBS 平面一层	0.24	
4	SBS 平面增加一层	0.21	
5	聚氨酯立面 2mm	0.45	
6	聚氨酯平面 2mm	0.28	聚氨酯涂料 2mm 时，每平方米消耗量 28~30kg，具体项目应该具体测量
7	聚氨酯立面增加 0.5mm	0.11	
8	聚氨酯平面增加 0.5mm	0.07	
9	JS 立面 1mm	0.27	
10	JS 平面 1mm	0.22	JS 涂料 1mm 时，每平方米消耗量 22~24kg，具体项目应该具体测量
11	JS 立面增加 1mm	0.10	
12	JS 平面增加 1mm	0.08	
13	冷底子油一道	0.12	
14	细石混凝土保护层 40 厚	0.95	
15	细石混凝土保护层厚度增加 10mm	0.14	
16	水泥砂浆 20mm 压光	0.88	
17	水泥砂浆压光增加 10mm	0.14	

Q62 保温工程技术要点

1. EPS、XPS、岩棉保温系统的规范

原来的《外墙外保温工程技术规程》JGJ 144—2004 只有关于 EPS 系统的规定。最新的《外墙外保温工程技术标准》JGJ 144—2019 中增加了 XPS 系统，还是没有岩棉系统。对于岩棉系统，只有材料规范《岩棉薄抹灰外墙外保温系统材料》JG/T 483—2015。岩棉系统技术规程目前（2021 年 5 月）只有各地方标准。如山东省地方标准《岩棉板外墙外保温系统应用技术规程》DBJ/T 14-073—2010。

出现这种现象的原因，是外墙保温技术最早在国外应用。我国最先引进的是成熟的 EPS 系统。后来出现了强度高、导热系数低的 XPS 材料，但是 XPS 表面光滑，和基层粘接效果不好，所以国家标准规范直到 2014 年才出了《挤塑聚苯板（XPS）薄抹灰外墙外保温系统材料》GB/T 30595—2014。岩棉应用时间更晚，所以现在还没有岩棉保温系统技术规程国家规范。

技术人员在编制外墙方案时，规范上要看三类。第一类是外保温系统材料的规范，如

《岩棉薄抹灰外墙外保温系统材料》JG/T 483—2015、《挤塑聚苯板（XPS）薄抹灰外墙外保温系统材料》GB/T 30595—2014、《模塑聚苯板薄抹灰外墙外保温系统材料》GB/T 29906—2013、《外墙保温用锚栓》JG/T 366 等。第二类是外保温系统的技术规程，如《外墙外保温工程技术规程》JGJ 144—2019、山东省地方标准《岩棉板外墙外保温系统应用技术规程》DBJ/T 14-073—2010 等。第三类是《建筑节能工程施工质量验收标准》GB 50411—2019。

编制方案时，还要看设计要求和厂家提供的外保温系统说明书。

2. 锚栓规格、数量规范在哪里

实际工程锚栓数量应根据基层墙体类型、楼层高度，经抗风荷载计算确定。一般设计图样上会有。

对于岩棉系统，国家规范《岩棉薄抹灰外墙外保温系统材料》JG/T 483—2015 第 4.2 条规定：岩棉板应采用机械锚固为主粘结为辅的方式与基层墙体固定，每平方米墙面的锚固点数应不少于 5 个。

锚栓的有效锚固深度应符合下列要求：

1）混凝土和实心砌体墙体应不小于 55mm。

2）蒸压加气混凝土砌体应不小于 65mm。

3）最小允许边距为 100mm，最小允许间距为 100mm。

对于岩棉系统，山东省地方标准《岩棉板外墙外保温系统应用技术规程》DBJ/T 14-073—2010 的 5.2.6 条规定：锚栓数量每平方米不应少于 6 个，并后附了锚栓位置布置图。同时规定了塑料圆盘直径大于 80mm，锚栓的有效锚固深度在混凝土墙中不小于 25mm，在砌体墙中不小于 50mm。

可以看到，锚栓数量上地方规范要求高一些，锚固有效锚定深度上国家规范要求高一些。

对于 XPS 系统，《挤塑聚苯板（XPS）薄抹灰外墙外保温系统材料》GB/T 30595—2014 的 4.4 条规定：每平方米墙面的锚固点数不应少于 4 个。

对于 EPS、XPS 系统，《外墙外保温工程技术标准》JGJ 144—2019 没有具体规定锚栓的数量、型号。

《外墙保温用锚栓》JG/T 366—2012 中，第 5.4 条规定：不同类别的基层墙体，应选用不同类型的锚栓，并应符合下列要求：

1）C 类基层墙体宜选用通过摩擦和机械锁定承载的锚栓。

2）D 类基层墙体应选用通过摩擦和机械锁定承载的锚栓。

其他基层墙体材料也没有具体规定用什么类型锚栓。

因为外保温系统的设计和安装是遵照系统供应原则的设计和安装说明进行的。整套组成材料都由系统供应商提供，系统供应商最终对整套组成材料负责。系统供应商应对外保温系统的所有组成部分作出规定。所以锚栓规格、数量需要咨询系统供应商确定，同时满足规范和设计要求，保证锚栓承载力实测值不应小于 0.3kN。

可供参考的 EPS 板锚栓布置：

建筑物标高 24m 以下可不安装，标高 24~60m 时每平方米不少于 4 个（边角加中间 1 个），标高 60 米以上时每平方米不少于 6 个（边角加中间 2 个）。防火隔离带上每段至少 2 个，距端部不大于 100mm，间距不大于 600mm。

3. 锚栓和粘接砂浆功能分工

XPS、EPS 外墙保温系统设计上荷载完全由粘结层承受，锚栓只是起到辅助、安全储备的作用。所以平时更加要注意控制粘接面积，不能因为有锚栓就放松对粘接质量的要求。

对于岩棉系统，重庆地方规范《岩棉板薄抹灰外墙外保温系统应用技术标准》DBJ50T-315—2019 第 5.2.3 条、5.2.4 条规定：系统抗风荷载力应仅考虑锚固件的抗拉拔承载力，不应考虑岩棉板与基层墙体的粘结力。国家级行业标准《岩棉薄抹灰外墙外保温系统材料》JG/T 483—2015 中要求：岩棉板应采用机械锚固为主粘结为辅的方式与基层墙体固定。所以对于岩棉系统，要更加重视锚栓的安装数量、质量。

4. 锚栓和玻纤网格布位置关系

岩棉板外保温系统，采用双层玻纤网结构，一层玻纤网位于锚栓内侧，一层位于锚栓外侧。

EPS、XPS 系统，在保温板粘贴 24h 后，安装锚栓。

5. 界面剂的作用

岩棉板的使用前，必须涂刷界面剂。界面剂的作用，有人说是防水，有人说是减少岩棉纤维对作业人员身体的刺激。这些都有道理，还有一个原因是涂刷界面剂后，岩棉板与粘结材料的拉伸粘结强度有较大提高。

对于 XPS 板，其表面非常光滑，界面处理必不可少。

6. 保温板与基层粘接面积率的规定

对于 XPS、EPS 材料，《外墙外保温技术标准》JGJ 144—2019 中 6.1.3 条规定：保温板应采用点框粘法或条粘法固定在基层墙体上，EPS 板与基层墙体的有效粘贴面积不得小于保温板面积的 40%，并宜使用锚栓辅助固定。XPS 板和 PUR 板或 PIR 板与基层墙体的有效粘贴面积不得小于保温板面积的 50%，并应使用锚栓辅助固定。

对于岩棉系统，重庆地方规范规定岩棉板与基层墙体的连接应采用粘锚结合工艺，并应采用满粘法；国家级行业标准岩棉薄抹灰外墙外保温系统材料》JG/T 483—2015 的 4.2.1 规定：岩棉板应采用机械锚固为主粘结为辅的方式与基层墙体固定，每平方米墙面的锚固点数应不少于 5 个，同时采用胶黏剂粘结，其有效粘结面积不应小于岩棉板面积的 50%。可见重庆地方标准地方标准要求更高。

7. 基层找平层的厚度、作用

基层的找平层作用是保证墙体垂直度，和保温板粘接强度没有关系。保温板的拉伸固定强度，是基层和找平层（界面砂浆拉伸强度不小于 0.5MPa）、找平层和粘接砂浆（粘贴砂浆拉伸强度不小于 0.7MPa）、粘接砂浆和保温板（岩棉是 0.1MPa）三者抗拉粘接强度最小值确定的，这个最小值是保温板的强度（拉伸时，破坏处位于保温板内部）。所以基层找平层一是要保证平整度，二是要保证材料质量，不要出现空鼓现象。至于找平层厚度，不需要一定按照设计厚度来。

8. 外墙防水

规范对抹面层的定义：抹在保温层上，中间夹有玻璃纤维网布，保护保温层并起防裂、防水、抗冲击和防火作用的构造层。所以抹面层质量对外墙大面防水起决定作用。空调板、地漏、线条位置要靠找坡和防水涂料结合。勒脚、窗口、凸窗、变形缝、挑檐、女儿墙等特殊部位要依照保温构造详图施工。外保温工程水平或倾斜的出挑部位及延伸至地面以下的部位；门窗洞口与门窗交接处、外墙与屋顶交接处应做好密封和防水构造设计；窗檐、阳台等檐口应有滴水构造；安装的设备、穿墙管线或支架等应固定于基层上，并应做密封和防水设计；基层墙体变形缝处应做好防水和保温构造处理。

9. 图样问题

要检查雨水管离墙距离。不要出现雨水管埋在保温层中的现象。图样上距离不够的，要提前提图样会审。

不同部位用不同的保温材料，比如楼梯间用玻化微珠、首层地面有挤塑板等，要和现场队伍交好底。

Q63 保温工程施工要点

保温工程施工时，除了按照方案要求布置锚栓、做好保温板粘接之外，各部位还应注意以下质量问题。

1. 首层

要注意方案有无首层增加一道网格布的要求，按方案施工。

要检查首层保温接底高度，避免出现回填土后保温和地面有空隙的情况。

首层外墙防水卷材上翻后才能施工保温，不要出现工序错误。

2. 大面

不要遗漏做法表上的工序，例如最外层的罩光漆，有防水和保护涂料的作用，不能省掉；外墙施工前，洞口必须封堵密实，防止后期漏水。

要对照户型大样，不同部位使用不同的保温材料，特别是阳台、分户墙、室内外交界处等部位，玻化微珠和板材范围区分好。

阳台等有防水上翻要求部位，保温施工时要预留出防水高度

窗户、栏杆位置施工顺序和安装单位提前协调，避免出现保温施工完了，安装后期找预埋的避雷，破坏成品的问题。

3. 阳台和空调板

阳台位置，要注意和防水单位的施工顺序。有个楼阳台保温贴完了，防水还没有施工，最后只能拆掉一部分保温板。

空调板部位要按照方案施工，不要漏掉防水，注意找坡，施工完成后不要忘记把地漏的保护塑料撕掉。线条、造型、窗台等位置也要找好坡，防止积水，窗户、连廊等位置不要遗漏滴水槽。

空调机位漏水

4. 屋面

注意成品保护。有个屋面，安装单位给出屋面管刷漆的时候污染了保温涂料，保温单位重新喷漆的时候又污染了出屋面管，安装单位修理的时候又污染了保温。结果"总有时间把一件事情反复去做，却没有时间把事情一次做好"。

女儿墙顶部找坡方向要提前交底，雨棚位置滴水槽不要忘记。

除了质量方面，由于保温工程的特殊性，必须注意安全管理，主要控制点有：

安排队伍专人每天检查吊篮，总包单位管理人员必须自己按时检查。

要组织吊篮用电、吊篮安全的专项检查。

施工阳台等位置时，会产生新的临边。可以在阳台位置固定钢管，工人将安全带系在钢管上。

进度方面，保温工程各个吊篮进度不一，不好反映总进度。方法是以吊篮为单位，分析每个吊篮的进度，从而汇总得出总进度。编制计划时，也以吊篮为单位分别编制，形成具体的计划。

女儿墙没有按照要求收口，造成外墙涂料进水脱落

维修线条位置的漏水

最后，还要注意完工时留一些外墙涂料。因为不同批次的外墙涂料有色差，所以项目结束时剩下的保温涂料，不要扔了，要留一些后期维修用。

Q64 烟道施工要点

烟道安装工程量不大，但却经常出现问题。本小节总结了烟道安装过程中应注意的事项，可供今后参考。

1. 烟道洞口的预留

（1）竖向洞口的预留　要特别注意，是否存在烟道在厨卫间外侧的情况。这种情况下，烟道止回阀的位置需要在墙上预留洞口。

如下图所示，厨房的烟道在厨房墙外侧。主体阶段没有考虑到给止回阀位置预留洞口。后期安装完烟道，发现没有办法装止回阀。只能安排在结构上开洞，增加了工程成本。

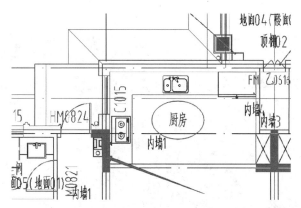

（2）水平洞口的预留　烟道水平洞口预留，要注意从几层开始留的问题。有一栋住宅楼，一层、二层是商业网点，三层以上是住宅。主体阶段施工的时候，从一层顶板开始就预留了烟道洞。安装烟道的师傅也跟着从一层开始装烟道。而图样上一层、二层是商业网点，没有厨房，不需要烟道，只好把一层、二层装好的烟道砸掉了。

水平洞口的大小也要注意，洞口要比烟道尺寸大一点，方便烟道安装。有个楼，主体按照烟道尺寸留的洞口，没有多出来 5cm，导致烟道装不上。最后安排全部剔凿了一遍。

2. 烟道安装过程的问题

（1）烟道安装的时机　烟道应该尽快安装，在二次结构施工前开始。某工程烟道进场晚了，结果厨房的墙砌完了，整根的烟道从门洞口运不进去，只好把烟道切割成两段安装，增加了成本。

烟道安装进度，一般两个人一天可以安装 60 根烟道。烟道安装晚了，会影响抹灰工程进度，要注意材料供及时。

（2）安装过程中容易遇到的问题　烟道厚度是有规范要求的，需要和供应商提前讲清楚，避免监理单位验收时出现问题。

烟道吊模需要使用细石混凝土，应给烟道安装人员提前协调好。烟道安装人员为了省事，会到工地上随便拿点沙子水泥吊模，这样容易引起纠纷，吊模的质量也不好。

烟道和墙之间缝隙要填实，使用钢丝网加强，避免抹灰后期开裂。

超高的烟道，可以使用玻镁板等材料定制。

3. 烟道帽有关问题

对烟道帽应该起足够的重视，因为住宅顶层烟道帽漏水的情况非常多。

对烟道帽要加强验收，严格按照图集要求进材料。烟道帽檐子伸出长度不够、烟道帽檐子找坡不够的话，下雨时，雨水会进入烟道，造成顶层漏水。

为了杜绝漏水，在烟道帽侧面增加了格栅

烟道帽和屋面墙体相交的，要在相交的地方打胶，防止结合位置漏水。同时做好找坡，避免积水。

烟道和女儿墙相交处容易漏水　　　　　　　烟道漏水

屋面装烟道帽时，还要注意不要多做了。有烟道的地方才做烟道帽，其他出屋面结构不需要做。某小区商铺屋面有空调通风出屋面结构，做烟道帽的师傅直接在上面做了烟道帽，最后结算的时候只能按图样的砖砌结构结算，损失很大。

Q65 屋面工程施工要点

1. 提前准备

（1）技术准备　在屋面主体工程前就要熟悉图样，明确建筑做法，明确预留排水口高度、卷材收口位置高度、过水洞尺寸和位置，避免后期开洞。

屋面板厚一般和标准层不一样，装配式建筑中，屋面一般现浇，这些都要注意。

（2）物资准备　屋面施工受天气影响大，且工序多，做好工序衔接非常重要。为了做好工序衔接，人员、材料都要提前准备好。要根据图样做法，提前准备好各种材料，特别是钢丝网、养护用的毛毡、分隔缝的材料、排气管等。不能出现人等材料的情况。

（3）人员准备　提前和队伍碰好施工计划，确保人员供应，达到连续施工的目的。

（4）天气准备　屋面工程质量受天气影响很大。要选一段天气稳定的时间施工，避开雨天。另外，气温也不能太低。

2. 各工序要点

（1）卷材防水层　基层表面保持干燥，并要平整、牢固，阴阳角转角处做成圆弧。干燥程度的简易检测方法，将 $1m^2$ 卷材平坦地铺在找平层上，静置 3~4h 后掀开检查，找平层与卷材上未见水印即可涂刷基层处理剂，铺贴卷材。

卷材蓄水结束后放水时，要注意提前确定好排水途径，水不要流入地下室。因为放水时水量很大，要注意不要冲到材料上。

（2）混凝土面层　面层观感质量至关重要。浇筑面层要选好天气，避免过冷或下雨天，混凝土浇筑混凝土的浇筑应按先远后近，先高后低的原则。在湿润过的基层上分仓均匀地铺设混凝土，在一个分仓内可先铺 25mm 厚混凝土，再将扎好的钢筋提升到上面，然后再铺盖上层混凝土。用平板振捣器振捣密实，用木杠沿两边严筋标高刮平，开用滚筒来回滚压，直至表面浮浆不再沉落为止；然后用木抹子搓平、提出水泥浆。浇筑混凝土时，每个分格缝板块的混凝土必须一次浇筑完成，不得留施工缝。

压光混凝土稍干后，用铁抹子三遍压光成活，抹压时不得撒干水泥或加水泥浆，并及时取出分格缝和凹槽的木条。头遍拉平、压实，使混凝土均匀密实；待浮水沉失，人踩上去有脚印但不下陷时，再用抹子压第二遍，将表面平整、密实，注意不得漏压，并把砂眼、抹纹抹平；在水泥终凝前，最后一遍用铁抹子同向压光，保证密实美观。

在混凝土达到初凝后，即可取出分格缝木条。起条时要小心谨慎，不得损坏分格缝处的混凝土；当采用切割法留分格缝时，缝的切割应在混凝土强度达到设计强度的 70% 以上时进行，分格缝的切割深度宜为防水层厚度的 3/4。

养护常温下，细石混凝土防水层抹平压实后 12~24h 可覆盖草袋（垫）、浇水养护（塑料布覆盖养护或涂刷薄膜养生液养护），时间一般不少于 14d。

分格缝嵌缝细石混凝土干燥后，即可进行嵌缝施工。嵌缝前应将分格缝中的杂质、污垢清理干净，然后在缝内及两侧刷或喷冷底子油一遍，待干燥后，用油膏嵌缝。

（3）细部构造

1）进入屋面的防火门两侧，做好卷材收口和踏步。

2）雨棚做好滴水。

3）电梯机房屋面做好找坡。

4）线条位置要注意不要有积水。

（4）成品保护

1）屋面面层完成后，施工女儿墙保温时，要注意不要污染地面。

2）屋面栏杆、钢结构焊接、刷漆时，要注意不要污染地面或涂料。

3）安装单位给屋面管道刷涂料时，注意在管根包好塑料薄膜，防止油漆污染地面。

4）保温单位上吊篮时，注意不要划坏屋面。

Q66 抹灰和腻子施工要点

1.施工条件

主体结构验收合格后才能进行抹灰。烟道也要提前安装，不然厨卫间无法开展。窗户有附框的，应该提前安装。门窗收口尺寸要和业主、门窗单位确认好。有的防火门要先安装后收口，这些要提前确认。

厨卫、管井应和安装单位协调好施工顺序，防止管道安装后附近无法抹灰。可以先安排抹管道后面。

窗户位置的避雷埋件，要通知安装单位提前处理好，避免出现抹灰后重新凿开找避雷预埋件的情况。

抹灰时落地灰很多，所以抹灰施工完成后才可以进行地面面层施工。地面面层和一遍腻子施工不冲突，但是二遍腻子应在地面面层完成后施工。或者1m线以上部分二遍腻子先施工，1m线以下部分二遍腻子等地面完成后施工，避免浇筑地面污染墙面。

2. 质量保证措施

抹灰前墙面要清理干净，砖墙提前一天浇水湿润。甩浆质量要以用手抠不动为标准。钢丝网要按方案要求布置。卫生间在防水涂料上抹灰时，要做好防止空鼓的措施，比如刷一遍粘接砂浆等。

抹灰时，要求队伍分层抹灰，不要一次成型。底层灰终凝，或是看着干了6、7成后，才能抹第二遍灰。有家队伍抹灰一遍成活，后来大部分空鼓了。同时，其他队伍分层抹的墙面，基本没有问题。

交房后维修空鼓，现场一片狼藉

不同地方用什么材料抹灰要和队伍交代清楚。隔音墙不用抹灰，和楼梯间、管井、室外空间相交的墙以及分户墙，可能有专门的保温措施。

天气炎热时，抹灰第二天要洒水养护，连续7天。

腻子施工前，要注意处理返锈。二遍腻子施工前，楼里面的活应基本完成，避免腻子二次污染。卫生间蓄水和维修也要提前完成。

腻子做法中的界面剂经常被业主取消，而界面剂对防止腻子开裂有一定作用。应该和业主沟通好，能保留的保留，不能保留的，发联系单说明以后的责任风险承担方法。

3. 施工定额

下表中的人工消耗量可供参考，具体项目应该根据实际情况调整。

序号	项目	消耗量 工日/10m²	备注
1	水泥砂浆抹灰两遍（9mm+6mm）	1.37	混凝土墙、加气块墙；压光
2	混合砂浆抹灰两遍（9mm+6mm）	1.23	
3	抹灰厚度增加1mm	0.04	
4	腻子两遍	内墙0.35，顶棚0.39	
7	腻子增加一遍	内墙0.21，顶棚0.23	

抹灰样板如下图所示。

3.3 试验工作要点

Q67 试块怎么留

留试块是试验工作重要组成部分。本小节总结了各种情况下应该留多少试块，可供项目试验员和施工员参考。

1. 标养试块怎么留

标养试块相对简单，《混凝土结构工程施工质量验收规范》（GB 50204—2002 2011年版）规定如右图所示：

也就是说，每种标号的混凝土，都要留试块。每种标号混凝土，一次浇筑 1000m³ 以下的，每 100m³ 做一组；超过 1000m³ 的，每 200m³ 做一组。例如某次计划施工 C30 方量 1460m³，C40方量 259m³。那么 C30 要留 8 组，C40要留 3 组试块。

同时注意，灌注桩每 50m³ 必须有一组试件，小于 50m³ 的桩每根桩必须有一组试件。

2. 同条件试块怎么留

规范中同条件试块数量说的是根据工程实际需要确定。工程实际需要，一般为拆模和实体检验中的同条件试块评定用。

拆模试块数量根据天气定，天气比较稳定时，可以每次留一组；气温变化比较大的时间段，可以多留几组，用于确定拆模时间。

施工电梯、塔式起重机基础施工时，工期比较着急的情况下，应该多留几组同条件试块，避免试块不够用。

结构评定用的同条件试块，《混凝土结构工程施工质量验收规范》（GB 50204—2002 2011年版）是这样说的：

也就是说，浇筑主楼时，计划梁板C30 方量 80m³，墙柱 C40 方量 30m³。那么 C30 要留拆模试块一组，同时每两层中有一层要留一组评定用的试块。C40 的同条件试块，每两层中有一层要留一组评定用的试块。

楼层比较少的楼，例如4层别墅，要另外多留试块，满足不小于3组。

7.4 混凝土施工

主控项目

7.4.1 结构混凝土的强度等级必须符合设计要求。用于检查结构构件混凝土强度的试件，应在混凝土的浇筑地点随机抽取。取样与试件留置应符合下列规定：

1 每拌制 100 盘且不超过100m³ 的同配合比的混凝土，取样不得少于一次；

2 每工作班拌制的同一配合比的混凝土不足 100 盘时，取样不得少于一次；

3 当一次连续浇筑超过1000m³ 时，同一配合比的混凝土每 200m³ 取样不得少于一次；

4 每一楼层、同一配合比的混凝土，取样不得少于一次；

5 每次取样应至少留置一组标准养护试件，同条件养护试件的留置组数应根据实际需要确定。

检验方法：检查施工记录及试件强度试验报告。

C.0.1 同条件养护试件的取样和留置应符合下列规定：

1 同条件养护试件所对应的结构构件或结构部位，应由施工、监理等各方共同选定，且同条件养护试件的取样宜均匀分布于工程施工周期内；

2 同条件养护试件应在混凝土浇筑入模处见证取样；

3 同条件养护试件应留置在靠近相应结构构件的适当位置，并应采取相同的养护方法；

4 同一强度等级的同条件养护试件不宜少于 10 组，且不应少于 3 组。每连续两层楼取样不应少于 1 组；每 2000m³ 取样不得少于一组。

3. 冬季施工同条件试块到底留几组

根据《建筑工程冬期施工规程》（JGJ/T 104—2011），要在常规设置基础上增加 2 组。用于临界强度判定一组，用于第二年冬施结束后冬施转常温一组。

> **6.9.7**　混凝土抗压强度试件的留置除应按现行国家标准《混凝土结构工程施工质量验收规范》GB 50204 规定进行外，尚应增设不少于 2 组同条件养护试件。

冬施混凝土临界强度试块留置主要是用来检验混凝土受冻前的强度，检验混凝土是否已达到抗冻强度，具有抗冻能力。是否可以撤除覆盖，进行下步施工。冬施混凝土转常温强度的试块留置主要用来检验越冬后转常温 28d 的混凝土结构实体强度是否达到设计强度。

临界强度的确定：

> **6.1.1**　冬期浇筑的混凝土，其受冻临界强度应符合下列规定：
> 　1　采用蓄热法、暖棚法、加热法等施工的普通混凝土，采用硅酸盐水泥、普通硅酸盐水泥配制时，其受冻临界强度不应小于设计混凝土强度等级值的 30%；采用矿渣硅酸盐水泥、粉煤灰硅酸盐水泥、火山灰质硅酸盐水泥、复合硅酸盐水泥时，不应小于设计混凝土强度等级值的 40%；
> 　2　当室外最低气温不低于 -15℃时，采用综合蓄热法、负温养护法施工的混凝土受冻临界强度不应小于 4.0MPa；当室外最低气温不低于 -30℃时，采用负温养护法施工的混凝土受冻临界强度不应小于 5.0MPa；
> 　3　对强度等级等于或高于 C50 的混凝土，不宜小于设计混凝土强度等级值的 30%；
> 　4　对抗渗要求的混凝土，不宜小于设计混凝土强度等级值的 50%；

4. 抗渗试块怎么留

《混凝土结构工程施工质量验收规范》（GB 50204—2002　2011 年版）是这样说的：

> **7.4.2**　对有抗渗要求的混凝土结构，其混凝土试件应在浇筑地点随机取样。同一工程、同一配合比的混凝土，取样不应少于一次，留置组数可根据实际需要确定。
> 　检验方法：检查试件抗渗试验报告。

《地下防水工程质量验收规范》（GB 50208—2011）是这样说的：

> **4.1.11**　防水混凝土抗渗性能应采用标准条件下养护混凝土抗渗试件的试验结果评定，试件应在混凝土浇筑地点随机取样后制作，并应符合下列规定：
> 　1　连续浇筑混凝土每 500m³ 应留置一组 6 个抗渗试件，且每项工程不得少于两组；采用预拌混凝土的抗渗试件，留置组数应视结构的规模和要求而定；
> 　2　抗渗性能试验应符合现行国家标准《普通混凝土长期性能和耐久性能试验方法标准》GB/T 50082 的有关规定。

因此，同一配合比的防水混凝土，连续浇筑混凝土每 500m³，应留置一组抗渗试件（一组为 6 个抗渗试件），整个工程不少于 2 组。

抗渗混凝土试件应采用标养试件结果评定，所以不需要留同条件抗渗试块。

5. 砂浆、构造柱试块怎么留

（1）二次结构砂浆怎么留　《砌体结构工程施工质量验收规范》（GB 50203—2011）

是这样规定的：

> 2 砂浆强度应以标准养护，28d 龄期的试块抗压强度为准；
>
> 3 制作砂浆试块的砂浆稠度应与配合比设计一致。
>
> 抽检数量：每一检验批且不超过 250m³ 砌体的各类、各强度等级的普通砌筑砂浆，每台搅拌机应至少抽检一次。验收批的预拌砂浆、蒸压加气混凝土砌块专用砂浆，抽检可为 3 组。

所以砌筑砂浆每一检验批，不超过 250m³ 砌体的砂浆做一组。砌体一般一层一个检验批，所以每层做一组标养砂浆试块。规范同时规定以标准养护为准，不需要做同条件试块。

冬季施工时，要多留一组同转标试块。

> 10.0.5 冬期施工砂浆试块的留置，除应按常温规定要求外，尚应增加 1 组与砌体同条件养护的试块，用于检验转入常温 28d 的强度。如有特殊需要，可另外增加相应龄期的同条件养护的试块。

（2）抹灰砂浆是否需要留试块　抹灰砂浆原材试验中有 28 天抗压强度，平时不需要做试块。

（3）构造柱试块怎么留　构造柱一般一次浇筑 5~6 层，且一次浇筑十几方混凝土。因此结合工程实际情况，5~6 层留一组标养试块。同时整个工程不少于 3 组同条件试块。

6. 地面试块怎么留

地面施工验收规范规定，地面砂浆和混凝土试块按每一层（或检验批）建筑地面工程不应少于 1 组，当每一层（或检验批）建筑地面工程面积大于 1000m² 时，每增加 1000m² 增做 1 组试块；小于 1000m² 按 1000m² 计算。

地面施工规范中，高层建筑的标准层可按每三层（不足三层按三层计）作为检验批。

所以，高层标准层地面试块按照标养每 3 层一组，同条件整个楼大于 3 组留。

Q68 怎样做试块评定

混凝土强度评定是试验员或施工员工作内容之一，混凝土强度评定方法如下：

第一步：确认是标养评定还是同条件评定。

根据《混凝土结构工程施工质量验收规范》（GB 50204—2015）D.0.2 规定：同条件养护试件的强度代表值应根据强度试验结果按现行国家标准《混凝土强度检验评定标准》GB/T 50107 的规定确定后，除以 0.88 后使用。

第二步：确定使用统计方法还是非统计方法。

试块组数小于 10 组的，用非统计方法；10 和 10 组以上使用统计方法。

第三步：确定合格判定系数。

查询《混凝土强度检验评定标准》（GB/T 50107—2010）中关于合格判定系数的条款。

非统计方法公式如下：

170

5.2.2 按非统计方法评定混凝土强度时，其强度应同时满足下列要求：

$$m_{f_{cu}} \geq \lambda_3 \cdot f_{cu,k} \tag{5.2.2-1}$$

$$f_{cu,min} \geq \lambda_4 \cdot f_{cu,k} \tag{5.2.2-2}$$

式中　λ_3、λ_4—合格判定系数，按表 5.2.2 取用。

表 5.2.2　混凝土强度的非统计法合格评定系数

混凝土强度等级	<C60	≥C60
λ_3	1.15	1.10
λ_4	0.95	

统计方法公式如下：

5.1.4 当样本容量不少于 10 组时，其强度应同时满足下列要求：

$$m_{f_{cu}} \geq f_{cu,k} + \lambda_1 \cdot S_{f_{cu}} \tag{5.1.4-1}$$

$$f_{cu,min} \geq \lambda_2 \cdot f_{cu,k} \tag{5.1.4-2}$$

式中　$S_{f_{cu}}$—同一检验批混凝土立方体抗压强度的标准差（N/mm²），精确到 0.01（N/mm²）；按本标准第 5.1.5 条计算。当 $S_{f_{cu}}$ 计算值小于 2.5N/mm² 时，应取 2.5　N/mm²。

λ_1、λ_2—合格判定系数，按表 5.1.4 取用。

表 5.1.4　混凝土强度的合格评定系数

试件组数	10~14	15~19	≥20
λ_1	1.15	1.05	0.95
λ_2	0.90	0.85	

统计方法中，要注意标准差 S_{fcu} 小于 2.5 的，要取 2.5。

为什么要用 5.1.4 条，不使用 5.1.2 条和 5.1.3 条呢？规范条文说明中说，预制构件生产可以采用标准差已知方案。现浇构件，虽然搅拌站生产条件一致，但是到现场的生产条件不一致。所以要用 5.1.4 条。

知道评定方法后，需要在 Excel 软件中评定，将每组强度输入后，其他各参数公式设置方法如下：

A8 单元格施工组数 n 公式：=COUNT（F9:AF15）

K8 单元格平均值 mfcu 公式：=AVERAGE（F9:AF15）

P8 单元格标准差 Sfcu 公式：=IF（STDEV.S（F9:AF15）>2.5,STDEV.S（F9:AF15），2.5）

U8 单元格最小值 fcu,min 公式：=MIN（F9:AF15）

E18 评定界限公式：=F8+Y8*P8

M18 评定界限公式：=AA8*F8

U18 评定界限公式：=AC8*F8

AA18 评定界限公式：=AE8*F8

E20 评定界限公式：=ROUND（K8,2）&"≥"&ROUND（E18,2）

M20 评定界限公式：=ROUND（U8,2）&"≥"&ROUND（M18,2）

U20 评定界限公式：=ROUND（K8,2）&"≥"&ROUND（U18,2）

AA20 评定界限公式：=ROUND（U8,2）&"≥"&ROUND（AA18,2）

Q69 试验员工作要点——主体阶段

1. 试块

试块要做到送检及时、没有遗漏。为达到这一目的，要每周抽一天检查一遍台账，把需要送检的试块都做好委托单。关于如何快速做委托单，可以参考《怎样快速做委托单》一节。

施工员常常忘记通知试验员留试块。为此，试验员可以建立一个微信群，每天上午问一下今天哪些地方浇筑混凝土。虽然通知试验员留试块是施工员的责任，但是试块忘记留最后还是试验员的事情。所以试验员还是应该每天都问一下施工员有没有要浇筑的。

地下室部位比较复杂。可以根据后浇带划分区域，用"6号楼北侧 12~16/AM~AK"这种轴线加楼号的方式命名位置。部位如果只有轴线的话不直观，容易遗漏一些地方；只有楼号的话范围不明确。因此，要把两者结合起来。

高层建筑的台账，应分楼建立。楼层较低的、数量较多的楼，可以合并建立一个台账。因为最终交工资料台账是分楼的，但是平时统计一个个开文件比较麻烦，所以要结合起来，照顾到平时使用方便和交资料分楼交的要求。

标养室平时要多打扫，保持整洁。标养箱上粘挂钩，挂上温度记录。

现场同条件试块使用专门钢筋笼子

2. 钢筋

钢筋要列一个送检计划，保证及时送检。可以和商务部门要一个各个型号钢筋总量，然后确定一共送几次。

可以一个主体队伍的所有楼合在一起送。比如代表部位"1~4号楼6到10层主体"。

3.防水材料

卷材送检时，注意地下室卷材不透水性120min监理和质监站要不要单独做。按照原材检验规范，不透水性是30min。按照施工验收规范，不透水性有120min这个要求。

4.二次结构

提前确定一下每层各直径钢筋植筋的数量，制订好抽查计划。植筋完要过两天再拉，等植筋胶上强度。

砂浆原材要提前送，因为试验周期是一个月。

砂浆试块制作时，不要放太多水。试模里面先放1/3砂浆，用钢筋来回插几下，捣实；再放1/3，捣实；最后再放剩余砂浆，用钢筋捣。不要一次性填满砂浆试模。

5.结构主体检测

试验员要和实验室、总工一起确定好抽检规则。可以找商务部门出一个构件清单，确认梁、柱、墙的数量。再按照抽检规则确定每层几个构件。

标养室里挂上管理制度

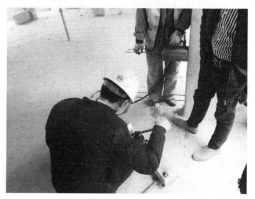

回弹强度

Q70 试验员工作要点——装饰装修阶段

1. 保温工程有关试验

保温试验分为原材试验和现场试验。

原材指保温板、胶黏剂、抹面剂和网格布。根据节能规范《建筑节能工程施工质量验收规范》（GB 50411—2007），同一厂家同一品种的产品，当单位工程建筑面积在20000m² 以下时各抽查不少于三次；当单位工程建筑面积在 20000m² 以上时各抽查不少于6次。具体检测项目见 4.2.3 条。

保温现场试验，指保温板与基层的拉伸粘结强度、外墙节能构造钻芯检验和锚栓锚固抗拉拔承载力试验。对于岩棉要做拉拔和取芯；对于 XPS，要做粘接、拉拔和取芯。《建筑节能工程施工质量验收规范》（GB 50411—2007）4.2.7 要求是每个检验批抽查不少于 3 处。而根据 4.1.6 条，相同材料、工艺和施工做法的墙面每 500~1000m² 为一个检验批。

保温拉拔试验

2. 回填土工程有关试验

采用环刀法取样时，基槽和管沟回填，每层按长度 20~50m 取样一组，但不少于一组；基坑和室内填土，每层按 100～500m² 取样一组，但不少于一组；场地平整填方，每层按 400~900m² 取样一组，但不少于一组；取样部位在每层压实后的下半部。

保温取芯试验

3. 装修工程有关试验

装修阶段主要需要送检抹灰砂浆、内墙腻子、外墙腻子、外墙涂料等材料，应根据相应规范送检。拿不准的，可以看看材料的合格证、检测报告上依据的规范，再咨询实验室。

回填土试验

4. 后期三大项

民用建筑工程室内环境污染物、建筑节能工程（建筑围护结构传热系数）、窗户淋水试验，被称为试验工作后期的三大项。

要注意及时开展，因为这些试验周期都在 15d 以上，所以要提前联系实验室，不要搞得很紧张。三大项试验费金额比较大，试验费也要和实验室沟通好，避免出现试验报告出来了却因为欠费无法取回的情况。

现场也要做好准备工作。现场门窗要装好，楼内垃圾要清理干净。做建筑围护结构传热系数试验的房间，需要通上电。

5. 资料归档、交工

交工前，要做好试验资料的整理。试验报告一式两份，可以找一个大的桌子，或者去会议室分试验报告。工作地点太小的话报告容易弄乱了。

出现报告缺失的情况，要看看是实验室出过报告后丢失的，还是本来试验就没做。实验室做过的，可以找实验室复印报告。实验室没有做过的，比如个别试块漏送的，也没有必要补了，平时尽量做到完美，最后有一些缺憾也就由他去吧。

6. 试验员的心态建设

（1）重视试验　有人认为试验是新生或者快退休员工的事情，也有人认为做试验没有前途。这些思想是不对的，曾经有位总工说，试验是技术工作的1/3。无论平时检查还是最后交工，试验资料都是非常大的一块。

（2）学习的心态　试验工作绝不仅仅是送试块，有很多要学的地方。比如要做好各阶段的送检工作，就要学习一大堆规范。要知道送检的批次，就需要知道每种材料的总量。为了快速做委托单，需要学习 VBA、Word 排版等知识。试验员也要接触一大批人，如实验室的前台、试验员，队伍管材料的人。这就要求平时做好学习。

（3）把事情做好的心态　要想方设法从内容和形式上都把活干好。有一次检查，公司某位领导在点评的时候，专门说了一句"这个项目试验资料做得很好，是我这些年检查发现做得最好的。"检查结束后，项目经理找我说，"这位领导很少夸人，你是我知道的第一次"以后其他人来项目检查，项目经理总会说一句"我们项目试验资料做得很好，是公司 * 总夸奖过的"。

（4）不计较的心态　试验员经常被误解为就是送一下试块就行。有一次，一位施工员对我说"真羡慕试验员，有自己的时间"。后来他说自己想有点时间去准备考试，于是找领导主动去干试验员。结果干了不到5天就打退堂鼓了，一个原因是他发现很多活不会干，另外一个原因是他发现试验员也没什么空闲时间。

试验员到项目装饰装修一般被调去做施工员，而且一般试验工作还兼职干着。但是装修阶段也有很多试验要做，常常忙不过来。交工的时候，不仅要做施工员一套资料，还要做试验员一套资料。有时难免抱怨为什么一个人要干两个人的活。这时候要调整心态，不要抱怨，向天上吐唾沫，唾沫还是会落到自己身上。要有"苟利国家生死以，岂因祸福避趋之"的豁达心态。

当然，身上活太繁重的时候，还是要找领导谈一谈。项目有位施工员兼着试验，有一段时间要送砂浆试块，需要每天往实验室跑，根本忙不过来。他找项目经理说太忙，干不了了，项目经理的回复是"总不能让我去给你送试块吧"。虽然没有给他减负，但是以后一段时间也没有给他加新的工作。

Q71 怎样批量制作二维码

二维码在工程管理中的应用越来越普遍了。很多地区都要求试块贴上二维码，部分工地实测实量时要求贴二维码上墙。那么怎么样快速批量制作二维码呢？

推荐一个二维码制作网站：草料二维码生成器（https：//cli.im/），这个网站可以使用微信登录。

第一步，创建模板。

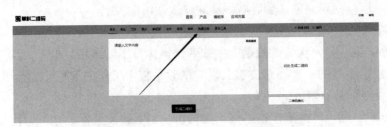

打开网页，点击"批量生码"。

点击"从空白新建模板"。

点击"从空白新建模板"。

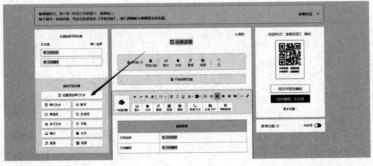

点击"批量添加单行文本"。

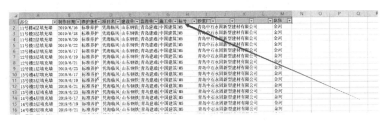

复制表头。

粘贴，保存。

点击"插入全部"。

调整标签样式。

第二步，上传 Excel，下载二维码。

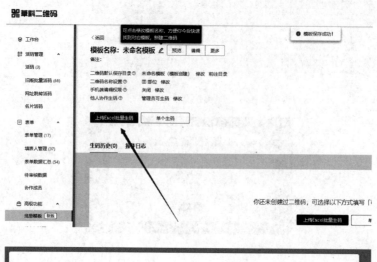

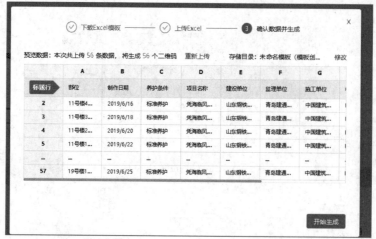

点击"下载"即可。

批量制作的二维码。

Q72 怎样快速制作委托单

制作委托单是试验员工作内容之一。由于群体工程留试块部位多，要做的委托单也很多。传统的委托单制作方法是在 Word 上填数据，填完复制一页接着填。用这样的方法准备第二天用的委托单，每天都要花 1~1.5h 的时间。

本小节介绍利用 Word 邮件功能快速制作委托单的方法，可以供项目试验员、施工员参考。

第一步，制作数据源。

筛选出一周内要送检的试块，复制到文本文件中，然后复制到 Excel 中。这样做的目的是把数据都调成文本格式。

第二步，将数据源和 Word 链接。

"邮件"→"选择收件人"→"使用现有列表"。

选择工作簿和工作表。

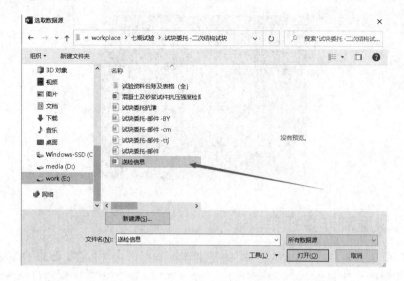

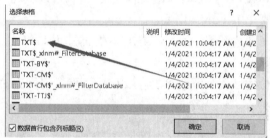

第三步，插入合并域。

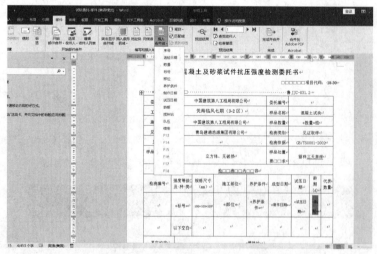

在对应位置插入对应内容。如在龄期单元格，点击"插入合并域"，插入"龄期"。

第四步，生成委托单。

点击"邮件"→"完成并合并"→"全部"，点击"确定"。

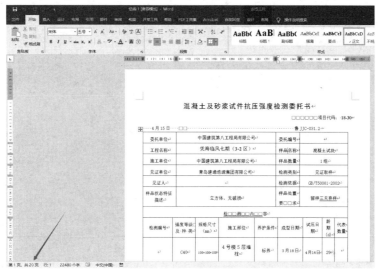

这样就生成了一周要用的委托单。

第二次要做委托单时，只要把数据源的 Excel 里面内容改一下就行，不用重新链接数据源和 Word 文档。

使用 Word 邮件功能，10min 就可以做出一周要用的委托单，可以极大程度节约试验员的时间。对于一些 Word 格式的检验批资料，施工员也可以参考这种方法快速制作。

Q73 如何快速记录每日天气数据

项目试验员需要收集每天天气数据。天气数据可以从气象网站上找。由于网页的数据直接复制到 Excel 里面格式很乱，所以需要把有天气记录的网页打印出来，一个个录入 Excel，但这比较麻烦。可以利用 Excel 查询功能，快速收集数据。

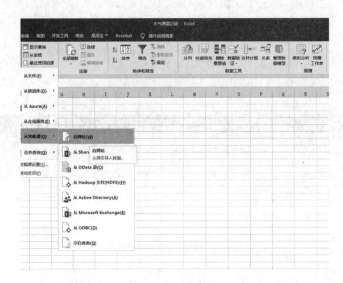

青岛历史天气预报 2019年5月份

日期	天气状况	气温	风力风向
2019年05月01日	晴 /晴	23℃ / 11℃	北风 4-5级 /北风 4-5级
2019年05月02日	晴 /晴	24℃ / 14℃	西风 3-4级 /西风 3-4级
2019年05月03日	晴 /晴	25℃ / 14℃	西南风 3-4级 /西南风 3-4级
2019年05月04日	多云 /多云	22℃ / 14℃	南风 4-5级 /南风 4-5级

第一步，新建查询。

第二步，输入数据所在的网页地址，点击"确定"。

从 Web

◉ 基本　○ 高级

URL

http://www.tianqihoubao.com/lishi/qingdao/month/201905.html

确定　　取消

第三步，选中数据所在表，加载数据。

这样就能得到需要的数据了。

第四步，更新数据，点击表格中任意单元格，右键，刷新，就可以自动更新天气数据。

有时候查询得到的数据和我们需要的样式会有差距。比如查询温度的数据得到的是文本格式，最高气温和最低气温在一个单元格，我们需要将两个数据分开。我们可以使用数据-分列功能，分列的时候可以录制宏，这样就不用每次都分列了。

第五步，处理数据、录制宏（数据分列、字符替换）。

```
Sub 自动更新()
'
' 自动更新 宏
'
    Range("A1").Select      '选中数据所在表
    Selection.ListObject.QueryTable.Refresh BackgroundQuery:=False   '更新数据
    Range("青岛历史天气预报_2019年5月份_2[气温]").Select
    Selection.TextToColumns Destination:=Range("F2"), DataType:=xlDelimited, _
        TextQualifier:=xlDoubleQuote, ConsecutiveDelimiter:=False, Tab:=True, _
        Semicolon:=False, Comma:=False, Space:=False, Other:=True, OtherChar _
        :="/", FieldInfo:=Array(Array(1, 1), Array(2, 1)), TrailingMinusNumbers:=True   '数据分列
    Range("F2:G32").Select
    Selection.Copy
    Selection.Replace What:="℃", Replacement:="", LookAt:=xlPart, _
        SearchOrder:=xlByRows, MatchCase:=False, SearchFormat:=False, _
        ReplaceFormat:=False   '替换℃符号
End Sub
```

第六步，为宏配置按钮。

这样，以前每个月的天气数据要录一两个小时，现在只要轻轻一点就行了。

3.4 车库施工要点

Q74 人防门安装工程要点

工期情况：3个人加1台叉车，平均每天能装10个人防门。

作业条件：地下室地面浇筑完成；扩散室等小房间垃圾、积水清理完成。

质量要求：人防门开启必须能90°以上，且开启自由。

影响人防门安装的设计问题。

拿到图样后，应仔细检查人防门能否正常开启，避免到了安装的时候才发现有的门装不上，再提图样会审，耽误工期的情况。

以下列举一些设计上容易出问题的位置。

1. 坡道位置

有时候人防门标高和坡道最低点标高一样，这样门扇开启角度在90°以上时，就会和坡道地面冲突。下面是一个例子：

如右图所示的人防门，若开启，由于北侧有坡道，坡道地面标高比门扇底部高，导致门扇无法完全打开，会影响南北方向走车。若不开启，会影响东西方向走车。

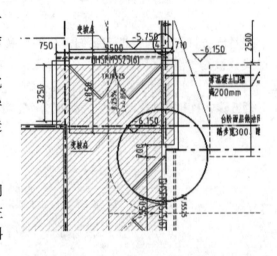

2. 人防和非人防交界位置

人防和非人防交界的地方容易出现问题，因为两边是两个不同的设计院做的。左下是人防设计院出的图，非人防区画上了斜线，看上去门开启没有问题。

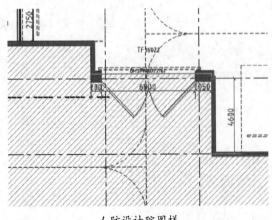

人防设计院图样

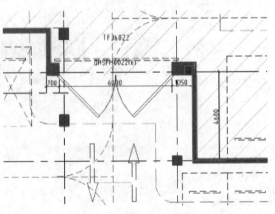

非人防院设计的图样

但是，从非人防院的图样上，可以看到人防门南侧有一个结构柱，这样就影响人防门的开启了。

3. 人防门两侧进深比较小的房间

为了保证人防门能完全打开，有人防门的房间的进深必须足够。考虑到人防门的特点，进深不能只等于洞口宽度，还要再大 500 左右，如下图所示。

在右侧第二幅图中，两个墙之间净距 1300，大于洞口宽度 1000，但是如果按照图样施工，人防门会出现开启角度不足 90° 的情况。因为门扇比门洞大，且门扇旋转轴在洞口边上一点。

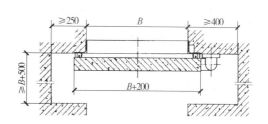

4. 疏散楼梯位置

结构图上楼梯位置一般写着"参考楼梯详图"，因此不容易发现问题。而楼梯往往有梯梁，梯梁可能会和人防门冲突。

右侧第三幅图是一个疏散楼梯详图，由于楼梯间的梁下挂，和人防门冲突了，导致人防门不能往前打开。

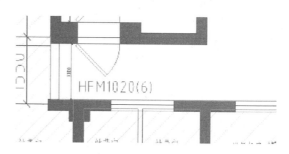

5. 滤毒室位置

滤毒室通风管道比较多，且管道直径比较大，容易和人防门冲突，导致人防门不能完全打开，需要提前优化设计。

下图中，左一图显示滤毒室通风管道妨碍了人防门打开。下图中，左二图显示滤毒室预留的管道妨碍了人防门的安装。

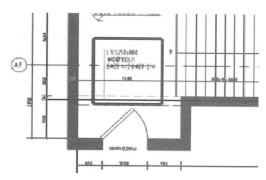

6. 影响人防门安装的施工问题

（1）吊钩漏做　补救方法：使用植筋 ϕ 16 以上的圆钢，植入门框上口 0.8~1m 范围的墙上。

（2）人防门门框标高错误　预埋人防门门框时，要提前根据人防门类型、开启方向等确定好人防门门框的标高。特别是室内外标高不一样时，要格外注意。人防门门框墙预埋错误，会形成高差。应同设计院协商，采用增加台阶、修改地面建筑厚度等措施补救。

Q75 人防工程知识——建筑篇

1. 人防门

人防门提计划时，要注意复核图样，图样中的门窗表有时不准确。提计划时要标注好门的开启方向。

人防门门框安装时，要注意检查门槛底标高、门的开启方向。门槛两侧建筑标高不一致时，要结合开启方向和详图确定。

（1）人防门编号　人防门编号具体查询《人民防空工程防护设备选用图集 RFJ01》或设计说明中门窗表的备注。常见的编号含义如下：

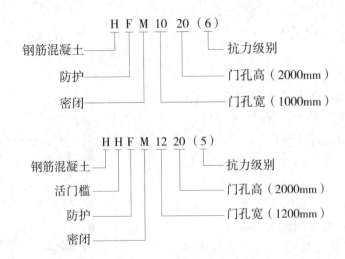

防护门中的防护，是指防护冲击波；密闭门中的密闭，是隔离化学武器等毒剂的意思。

活门槛的人防门，门和旁边地面的建筑完成面标高一致，战时在门槛一侧焊接钢结构形成门槛。

（2）人防门开启方向　人防门一般向外开启。人防区、清洁区为内，非人防区、染毒区为外。

沿着冲击波传播的方向，人面对人防门，门扇铰页在右侧的，门为右开，左侧为左开。

2. 与人防有关的术语

（1）平时和战时　人防工程施工时按平时组合图施工。战时按照战时组合图准备。

（2）临空墙 LKQ　临空墙是防护区和非防护区之间设置的钢筋混凝土墙。临空墙上的门洞，要设置防护密闭门。

（3）密闭隔墙 MBQ 密闭隔墙是设置在染毒区和清洁区之间（以及染毒程度不同的染毒区之间）的墙。

（4）孔口 孔口是人防工程主体与外部空间相通的孔洞。包括出入口、通风口、排烟口、天线竖井等。

（5）口部 口部是人防工程主体与地表面或与其他地下建筑的连接部分。对于有防毒要求的人防工程，口部一般包括竖井、扩散室、缓冲通道、防毒通道、密闭通道、洗消间或简易洗消间、滤毒室、出入口最外一道防护门或防护密闭门以外的通道等。

（6）消波设施 消波设施是设在进风口、排风口、柴油机排烟口处用来削弱冲击波压力的防护设施。消波设施一般包括，冲击波到来时能够自动关闭的防爆波活门和利用空间扩散作用削弱冲击波压力的扩散室等。

（7）滤毒室 滤毒室是装有通风滤毒设备的专用房间。

如右图所示，炸弹爆炸时，冲击波进入风井，经过防爆波活门和扩散室减弱。空气在除尘室除尘，进入集气室。集气室的空气吸入滤毒室后净化给战时使用。

（8）染毒区 染毒区是不能满足防毒要求的区域，也称为非密闭区。染毒区主要包括扩散室、密闭通道、防毒通道、洗消间（简易洗消间）、滤毒室。

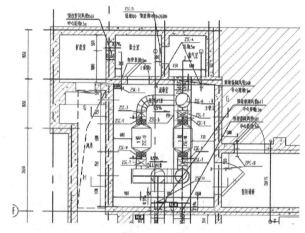

滤毒室战时通风图

（9）扩散室 扩散室通过扩散作用削弱冲击波压力，使不超过对应设备的允许余压来实现防护。

（10）集气室 砌体围成的集气室是战时没有用，平时通风中穿风管用的。人防工程战时通风量小，且工程的围护结构不能随便开洞，而平时通风量一般来说又比战时通风量大，且有风管穿墙等要求。为了解决这些矛盾，就在围护结构内部用砖墙围一个小空间。这个砖墙战时是没有什么用的，平时使用的风管可以在上面任意穿洞，而把围护结构（外墙）上的人防门打开，就可以比较好地进行平时通风。战时，集气室就没

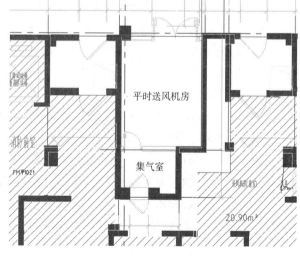

用了，这时候把人防门关上进行封堵或者转成战时通风，以达到工程的防护密闭要求。

（11）密闭通道 密闭通道是由两道密闭门之间所构成的、依靠密闭隔离作用阻挡毒剂侵入室内的密闭空间，在室外染毒情况下不允许人员出入的通道。

（12）防毒通道　防毒通道，具有通风换气条件，依靠超压排风阻挡毒剂侵入室内的空间，在室外染毒情况下，允许人员出入的通道。

（13）洗消间　洗消间是供染毒人员通过和清除全身有害物的房间。通常由脱衣室、淋浴室和检查穿衣室组成。简易洗消间是供染毒人员清除局部皮肤上有害物的房间。洗消间有时会和防毒通道合并。

（14）干厕　干厕就是便桶。

（15）人防区装修　防空地下室顶板不应抹灰。

进风口和主要出入口的密闭通道、防毒通道、洗消间、简易洗消间、滤毒室、扩散室、以及防护密闭门外的通道、竖井等，其墙面、顶面、地面均应平整光洁，易于清洗；防毒通道、密闭通道战时最好保持水泥表面。

3. 关于人防工程的一些问题和解答

（1）为什么要划分防护单元和抗爆单元

答：防空地下室划分防护单元，主要是为减少破坏的范围，特别是大型人员掩蔽所，遭敌炸弹命中的概率就大。一个防护单元是一个独立的防护空间，所以要求一个防护单元的防护设施和内部设备应自成系统，抗爆单元是面积较大的防护单元，要求划分若干抗爆单元，当一个防护单元的某抗爆单元遭到命中，可以保护另一个抗爆单元的人员安全。抗爆单元内并不要防护设备或内部设备自成系统，抗爆单元之间为防止炸弹气浪及碎片伤害掩蔽人员而设置的抗爆隔墙，可用厚砖墙或钢筋混凝土密闭隔墙，而防护单元之间必须用钢筋混凝土密闭隔墙。

（2）为什么每个防护单元不应少于两个出入口，且保持最大距离

答：因为城市遭空袭后，由于地面建筑物的倒塌，出入口极易被堵塞，为确保战时使用的可靠性，以便在空袭后能迅速投入正常使用，故规定必须设置不少于两个出入口，并在可能条件下保持最大距离。

（3）为什么防毒通道的顶侧墙和密闭墙的水泥表面不宜装修和粉刷

答：因为目前工程面部的防毒通道表面均是水泥材料，实验表明水泥材料对毒剂蒸气具有一定的消毒能力，并按此得出了判断隔绝防护时间是否符合指标要求的方法，若用别的材料对防毒通道的水泥表面进行装修和粉刷，则用目前的方法就不能正确判断工程的隔绝防护时间是否符合指标要求。

（4）为什么人员掩蔽类平战结合工程需设三种通风方式

答：根据平时及战时通风量的大小，可在通风口扩散室（活门室）的临空墙上同时设置防爆波活门和防护密闭门，平时通风时将防爆波活门和密闭门同时打开行大风量通风，在紧急转换时限内将防爆波活门及防护密闭门同时关闭，通过活门孔进行小风量通风。在人防工程遭受核武器袭击时，通过活门的消波作用，使进入工程内的余压小于人员或设备的允许承受压力，以确保人防工程内人员及设备的完全。

Q76 人防工程知识——结构篇

1. 钢筋工程

（1）钢筋保护层厚度　根据《人民防空地下室设计规范》（GB 50038—2005）中 4.11.5 条规定：防空地下室钢筋混凝土结构的纵向受力钢筋，其混凝土保护层厚度（钢筋外边缘至混凝土表面的距离）不应小于钢筋的公称直径，且应符合表 4.11.5 的规定。另外，基础中纵向受力钢筋的混凝土保护层厚度不应小于 40mm，当基础板无垫层时不应小于 70mm。板、墙、壳中非受力钢筋最小保护层厚度不应小于 10mm；梁、柱中箍筋的最小保护层厚度不应小于 15mm。

表4.11.5　纵向受力钢筋混凝土保护层厚度（mm）

外墙外侧		外墙内侧内墙	板	梁	柱
直接防水	设防水层				
40	30	20	20	30	30

（2）钢筋的锚固和连接接头　根据《人民防空地下室设计规范》（GB 50038—2005）中 4.11.6 规定：防空地下室钢筋混凝土结构构件，其纵向受力钢筋的锚固和连接接头应符合下列要求：

1）纵向受拉钢筋的锚固长度 l_{aF} 应按下列公式计算：

$$l_{aF} = 1.05 l_a$$

式中　l_a——普通钢筋混凝土结构构件受拉钢筋的锚固长度。

2）当采用绑扎搭接接头时，纵向受拉钢筋搭接接头的搭接长度 l_{lF} 应按下列公式计算：

$$l_{lF} = \zeta l_{aF}$$

式中　ζ——纵向受拉钢筋搭接长度修正系数，可按表 4.11.6 采用。

表4.11.6　纵向受拉钢筋搭接长度修正系数 ζ

纵向钢筋搭接接头面积百分率（%）	≤ 25	50	100
ζ	1.2	1.4	1.6

（3）构造钢筋　双面配筋的钢筋混凝土板、墙体应设置梅花形排列的拉结钢筋，拉结钢筋长度应能拉住最外层受力钢筋。

2. 孔口防护工程

孔口防护工程是人防工程区别于普通地下室的特殊工程。《人民防空工程质量检验评定标准》（RFJ 01—2002）将孔口防护工程划分为门框墙制作、人防门安装、活门安装、穿墙管线的防护密闭四个分项工程，并对各分项工程的质量标准做了明确要求。以下针对这四个分项工程在施工中注意事项加以说明。

（1）门框墙制作工程注意事项

1）门框墙钢筋要严格按照图样施工，不要以为所有的门框墙长得一样。有的门框墙门洞边上有加强梁，不能漏了。门洞四角内外两侧，应配置 8 根直径 16mm 的斜向钢筋，每

根长度不应小于1m。施工和验收钢筋时，将门框墙分解成门框侧墙、上挡墙、门槛，分别检查。

2）人防门门框在预埋时，要认真核对图样，确定每个门框的型号、位置、开启方向、铰页位置、标高。应当注意防护密闭门门框和密闭门门框在外观上的区别，门框的四个角前者一般是斜角，后者一般是圆角；还应注意各种门框的闭锁孔均是小口向上，不能颠倒。门框四周应焊接锚固钢筋，锚入门框墙的钢筋骨架中。在顶板的钢筋网片上，要预埋吊钩，用于安装人防门时吊起门扇。这些预埋件都要在浇筑混凝土前认真检查，不能遗漏。门框底部标高要复核。人防门门框垂直度偏差不能超过5mm。

（2）人防门安装工程　提前做好图样会审，容易出现问题的部位详见《人防门工程要点》一节。

在安装人防门时，要保证门扇上下铰页受力均匀，门扇与门框贴合严密，密封条压缩均匀，用灯光检查不漏光。门扇应能自由开启90°以上。

（3）活门安装工程　安装自动排气活门要朝向排气方向，自动排气活门的重锤要竖直向下。如右图所示，其工作原理是活门在一定超压下依靠重锤自重自动严密关闭，从而起到向外排气、降低工程内部气压的作用。

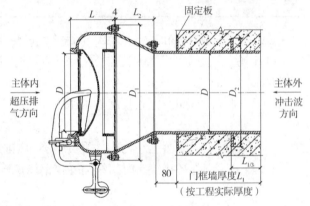

（4）穿墙管线的防护密闭工程　各种管道穿越人防墙体时，套管、密闭翼环、防护抗力片、防护阀门应按设计要求制作和安装。预埋穿墙套管是管道穿墙的常规做法，套管不能遗漏。密闭翼环的主要作用是阻止毒剂从套管和墙体之间的孔隙进入人防工程内部，在外墙上还能起到防水作用。密闭翼环应位于墙体厚度的中间，翼环与穿墙短管结合部位应双面满焊。

Q77 车库顶板回填要点

1. 车库顶板回填前的准备工作

1）准备车库顶板回填土标高图、总平面图。车库顶板回填土标高图由技术部提供，回填完成标高一般比园林完成面低0.5m。总平面图上显示有消防通道的位置要控制好回填质量，因为以后要走车。

2）通知二次结构队伍在楼周圈打上标高点。回填土面做一个点，这个点上

回填前铺排水板

面50cm再做一个标记，方便以后检查。回填土标高变化的地方多做几个点。

3）材料准备。进土工布和排水板、密目网；准备搭设防护用的钢管。土工布和排水板不要全卸一个地方，这样会增加铺设时候的运距。要根据不同区域的面积分片卸材料。

4）现场准备。清理车库顶板的材料。现场一般空间有限，可以填完两个楼之后，将要回填地方的材料再倒到回填好的地方。要把2个楼之间的区域分为一个施工段，将整个车库分区，确定整个车库的回填顺序，和有材料的相关方碰好回填计划。

5）检查车库顶板是否有漏水，主楼四周防水保护墙是否砌筑完成。这里还要注意主楼外墙正负零位置做法和图样是否对应。有一个项目，回填土后，发现主楼外墙卷材离回填土完成面高度不够，于是把回填土挖开，保温拆掉，把卷材接上去，砌保护墙，重新回填土。过了一段时间，上级检查的时候发现，保温板接到回填土里面的深度不够。于是又把回填土挖开，把保护墙拆掉，接保温板下去。这样反复折腾，耽误了工期。

6）要被回填到土里的管道，必须封闭好，避免回填后漏水。这块不注意的话，后期非常麻烦。回填土前，预留管道在车库顶板结构面上面，不会漏水。回填土后，预留管道在回填土面下面。下雨时，回填土里面的水，从没封闭好的预留管道进地下室。这种情况的漏水，水量非常大，漏水的时候水压太大堵不住，而且经常雨停了还要自己漏一天。把整个地下室全泡了。

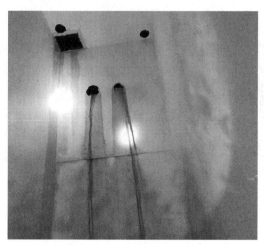

进户管道封闭不严，回填土后漏水

2.车库顶板回填中的工作

1）铺设排水板、土工布。排水板铺设时凸点向上。铺设时要注意天气，风比较大时，不要一次性铺设太多。因为排水板和土工布比较轻，很容易被风刮坏。

2）要注意雨天后，车轮会有很多泥，公路上不能跑。雨后要过一段时间再回填。

3）主楼四周、采光井等位置，要一次性回填到位，避免二次回填。有的主楼两侧有下地下室的楼梯，需要回填土后砌砖。第一次回填土的时候没有填上，后期进土就比较麻烦了。

4）注意回填土进度。群体住宅项目，两个楼之间，一般1~2天能回填完成。要根据现场实际情况确认回填计划，和其他单位配合好。及时通知下一个区域挪材料、铺网子。

3. 车库顶板回填后的工作

1）雨污管道等开挖施工。要协调好进度，不要挖了沟好几天不管。要注意天气，下雨沟里进水后，有的管子会浮起来。开挖前要交好底，告诉队伍下面有哪些管线，注意好成品保护。要和队伍交代好，发生破坏防水卷材情况时，一定要通知项目部修补。

2）裸土覆盖密目网。要提前准备好材料，回填土完成后立刻覆盖裸土。有一次，项目回填土后没有及时覆盖密目网，临时通知第二天有检查，结果5、6个人加班铺密目网到半夜。密目网是一定要铺的，所以尽量提前铺。密目网一次多进一些，进的量是现场土面积的2~3倍都没有问题。因为过程中要铺好几遍密目网，而且密目网也不贵。

3）回填土后，出车库顶板的疏散楼梯会形成新的临边，要做防护。车库采光井、楼梯等部位，有出车库结构。回填土前，这些位置高于车库顶板，不需要做防护。回填土以后，这些位置和回填土面高差一般小于1.2m，需要重新做防护。这部分防护由哪家队伍做，可以咨询商务部门有无合同约定。

4）和安装单位协调好车库顶板开挖位置、顺序，确定车库顶板堆材料的地方。尽量减少保温、二次结构等队伍来回倒材料的现象。回填土完成后，楼上干活的队伍都着急进材料。如果不管的话，车库顶板很快就堆满了材料。到时候小市政干不快，楼上队伍还要不时去挪材料，耽误时间、精力。

Q78 地下室抽水要点

地下室回填前，很容易碰到地面有积水的情况，抽水的经验如下：

1）抽水要注意找漏水源。水源分为防水质量不合格引起的底板外墙渗漏和施工洞口渗漏。

我遇到过一个锅炉房的房间，水抽干净以后第二天又都是水。一连过了好几天，终于发现底板上有一个地方在冒水。将这个点修完以后，再清理干净就没有积水了。

底板和外墙渗漏一般发生在后浇带位置。清理积水前，先观察后浇带上有没有冲刷上来的白色水泥痕迹，有的话重点查找附近有没有漏水点。漏水点一般可见冒水。后浇带检查完没有发现漏水点的，可以清理积水后观察，查找漏水点。清理后找不到时，再次清理干净后撒水泥观察。

施工洞口也要检查。我有一次快把地下室的水抽干净了，然而忽然下了雨，整个地下室又全是水了。漏水的地方是塔式起重机洞口、外墙穿线管的地方。塔式起重机洞口应该提前做挡水台（两皮砖，120mm 厚，外侧抹灰），外墙穿线管的地方施工时防水要注意质量，下雨天及时检查。

抽水工作的重点是解决水源。因为水总能抽光，水源要是找不到的话，会做很多无用功。

2）抽水要集中兵力，不要遍地开花。地下室一般面积大，应划分片区，由高到低，由远到近抽水。我刚刚接触地下室抽水时，想快点抽完，一下子上了很多人。结果靠近水泵的地方快抽完了，离水泵比较远的水经过干的地方时，水管漏水，把干的地方又搞湿了。而且泵很多，看不过来，要加人，人又常常碰到没事情做的情况。因此，建议一步一步来抽水，不要急。

3）抽水要定好排水点，排水管要经常检查。抽水前应和甲方确认好排水点，避免引发不必要纠纷。排水地点应该和工人交底。排水过程中，工人不能只在地下室，要抽时间上来看看水管有没有漏水的。

我春节结束回项目时，安排一个年前抽水的师傅去抽水。结果过了一个小时，对面小区投诉说水进他们那里了。检查发现是靠近围挡的一根排水管漏水了。

4）抽水潜水泵和自吸泵要配合。潜水泵放在集水坑里面，自吸泵将大面的水排到集水坑里面。当水很浅，自吸泵吸不了时，可以在底板上砸一个一次性水杯大小的小坑，把水管放在小坑里面。

5）抽水要注意用电安全。抽水接泵需要用电线，如果不加强管理，很容易出现电线泡在水里的情况，要特别注意。可以在墙上或柱子上挂绝缘挂钩。

潜水泵的外壳必须做保护接零。

潜水泵尽量放在篮子里面，或者包上防护网，防止堵住。

潜水泵放入或提出水面时，要先切断电源，严禁拽电线。

操作人员要穿胶鞋，戴绝缘手套。

3.5　现场管理要点

Q79 怎样应对检查

做好平时日常安全质量、文明施工和施工资料管理是应对检查的最好方法。在做好内容的基础上，提高形式上的观感，就能在检查中获得高分。

1. 资料方面迎接检查技巧

施工员要重点准备隐蔽验收、技术交底的资料。试验员要做好物资进场资料、温度记录、试验报告等。其他要准备的资料，应该根据检查要求，准备充分。

检查快来的时候，打印机要提前准备充足的墨盒和纸张。施工员之间可以发扬团队协

原材目录

原材台账

资料盒归档

作精神，每人做一个资料样板，相互交换节约时间。

应对检查，除了内容符合要求外，形式美观也很重要。各种资料要附上目录、封皮，用抽杆夹夹在一起。

资料盒侧面用统一格式的目录，表明盒子里面的内容。

一般把这些资料盒搬过去，检查人看到资料盒、封皮、目录非常美观、整洁，心情会很好，分数也就高了。

对检查人提出的问题，要用笔记本记下来，体现对检查人的尊重。检查人说的意见不正确时，自己不要反驳，记下来就行。当然，因为检查人自己理解错误，要给项目扣分的情况，应该委婉地提出意见。不能说"你说的不对"，应该说"好像**规范有***规定，您看看我理解的对不对"。

检查完后，立刻收拾材料，避免试验报告丢失。我曾经丢失了一个盒子，只好找实验室重新打印报告，花了近 2000 元钱。

2. 现场方面

现场要清理干净，实在来不及清理时，可以每个楼屋面、顶 3 层、中间 3 层、底部 3 层清理干净，检查一般都去这几个地方。要注意使用施工电梯时，施工电梯口不要堆垃圾。

雨后道路泥浆很多时，要在必经之路上垫些木方、砖块。

现场不能因为检查停工，领导过来检查，现场一个人都看不到，会觉得项目部在忽悠他们。

领导在现场提的问题，要及时记录、拍照，表现出对领导的尊重。领导提的意见感觉不正确时，不要反驳，应该等回去路上解释一下。因为边上人很多，你指出领导错了，领导会没有面子的。

3. 接待方面

安全帽要准备充足，清洗干净，不要有污渍或是味道。雨季雨伞要准备好。

水果应选一些小个的、好处理的品种，比如苹果，领导就不方便吃。

开会前会议室提前开空调，调试好投影仪等设备。

开会时，安排专人添茶送水。

Q80 施工员怎样提高执行力

这小节的文章是我参加工作两年左右时写的，为了保持原汁原味，没有修改，摘录如下：

我参加工作马上就要两年了，积累了以下的工作要点：

1. 要事第一

工地上的事情非常多。有时候开会，总结要做的事情两张纸都写不完。如果一条一条做，最后肯定手忙脚乱。必须把事情分类，先做重要的事情。而且重要的事情往往花不了很多时间，常常是一个电话就解决了。

2. 高标准

一定要高标准。拍销项照片，为了工人不要太辛苦，觉得整改差不多就拍了，结果监理说不行，还得再去找工人干。这时候工人不会感激你当初让他少干点活，而是抱怨怎么又找我了。

3. 写下才能记住

现场事情很多，有时候分包一个电话完了，另一个电话马上过来了，然后就把前一个电话忘记了。然后过一段时间前一个分包找过来，说那件事情还没给我办呢。为了防止这种事情发生，需要随手拿上纸和笔，有什么事情立刻记下来。

4. 及时反馈

领导安排一件事情，刚开始干时和领导说一下，干了一半和完成时再和领导报告一下。中间出现自己解决不了的问题立刻反馈，这样做，领导来找自己的情况就少了。

6 号楼因为东边电梯无法使用，烟道单位不肯只施工西边。这种情况没有反馈给张经理，造成了一系列的进度问题。

5. 形成成果

做事情要形成成果。以前结构验收的时候，李传夫总让大家弹一弹，看看楼上强度大体什么情况。我把每一面墙都弹一遍，把强度标在图样上，强度情况就一目了然了。

管理分包也要形成书面成果，比如工作联系单或罚款单。第一次出现的问题可以口头指出，还不改的发联系单，再不改的发罚款单。原来李社一直不愿意拆除 6 号楼东边的墙，只有下工作联系单，规定好具体的期限和处罚措施，才开始有所行动。

6. 要交圈

销项照片传给监理了，监理由于网络原因没有收到。自己以为没事了，监理又什么都不说，开会时说你一张照片都没传。这种事情，传了照片之后打个电话确认一下就可以避免了。

提材料时，提了以后什么都不管，什么时候来自己也不知道，这种情况也经常发生。工作要交圈，就是要把材料送到队伍手上作为一个圈。

7. 积极主动

每天的事情很多，如果不积极应对的话，越积越多，最后积重难返。积极主动发现问题，解决问题，虽然不会消灭所有问题，但可以保证问题在可控范围内。保持乐观的心态也很重要，不可有感性的烦恼。

8. 不要臆想

6号楼北面被热力开挖了一个大坑，连续3个星期没有回填。每次队伍抱怨没场地，我总想热力单位一定装了管道才回填，现在找他们肯定没用。于是一直没有找过热力单位。后来拆爬架没场地没办法才找了热力单位，结果热力单位很干脆就回填了。很多事情还没有开始，自己就定了很多困难，这样的话可能永远都开始不了。

以上的工作要点是近两年工作积累的。但直到今天，忽视以上的原理原则，重复过去的错误的现象也时有发生。只能说今后要不断改进工作方法，螺旋式提高自身水平和执行力。

Q81 施工员怎样解决工程上的问题

1. 正确看待问题

有问题是正常的。根据矛盾的普遍性原理，有问题是事物发展的必然结果。问题不等于错误，工作中出现了问题，不意味着负责这项工作的人有问题，一点问题没有才是不正常的，没有问题，还要我们工作干什么。"问题是时代的口号"。有问题不怕，怕的是遇到问题就发怵，不敢面对问题，揭发问题，导致问题积累得越来越难解决。

有的施工员觉得自己管的范围内出现了问题，如果反馈给领导的话，领导会觉得这是自己个人能力不足。这种想法是不对的，出现问题不去解决，解决不了不反馈，最后变成大问题，这种情况领导才会觉得是施工员个人问题。

工作就是解决问题。问题被解决的过程，就是工作向前推进的过程。干工作要强调问题导向。要通过发现、研究、解决一个个问题，提高自己的能力，推动工作上新台阶。

2. 解决问题的三步法：了解情况，分析矛盾，解决问题

任何问题，离不开了解情况、分析矛盾、解决问题三步。

1）了解情况是根本。陈云同志说过"要用百分之九十以上的时间作调查研究工作，最后讨论作决定用不到百分之十的时间就够了。"问题的情况了解清楚了，解决方法就出来了。有些施工员做决定完全是拍脑袋，比如现场工人数量不足，需要加人，反馈给领导后，领导问他要加几个人，他就不知道了。如果花一些时间做好调查研究，就能做到心中有数了。

了解情况要做到"大、远、全"。要了解工程问题发生的环境、发展过程，要了解问题的整体和层次。用联系、动态、全面的标准看待问题。"深入调查研究，有目的、有计划地了解，了解事物的内部，了解事物的外部，了解事物的各个方面"。了解今天，了解明天，了解事物的运动发展"。

2）分析矛盾，包括分析的方法和解决矛盾的方法。分析的方法，首先是"分"，将事物分解成更简单的层次。"析"就是解析，研究部分和部分、部分和整体之间的关系。在分析的过程中不断综合，分析和综合的办法并用。例如日本的5why方法，对于任何问题，往前问5次原因，最终找到本质原因，这个过程就是分析。

工地上大家都很忙，容易有要快速解决问题的冲动，而不愿意花费精力去深究问题的本源，结果造成施工员大部分时间在现场来回跑解决重复出现的问题。

3）情况了解好了，矛盾分析到位了，解决问题的方法就出来了。有一些解决问题的固定套路，可以使用：

两点论和重点论。对于任何事物，都要一分为二地看待，在工作过程中，要保证在主要矛盾上投入主要资源，兼顾次要矛盾。工程上关键线路上的工作，就要投入足够的精力和资源去保证。

一般和个别结合的方法。提出一项工作要求后，要选择某个单位进行指导，总结具体经验，再推广这些经验，领导不能只发号令。比如安排分包去扫地，施工员就该去一个楼层看看工人是怎么扫的，出现了什么问题。把这些经验总结出来发给其他楼层打扫的人，这样能避免工人干两次活。

执行四原则。找到最重要目标，确定影响目标的行为，做一个表记录这个行为的执行情况，每周开例会分析。

项目管理的方法。按照"人＋流程＝成功"进行项目管理。

综合法。调动人、环境、组织的能力和意愿方面的力量来综合解决问题。

下面是编者在日常工作中总结的问题解决清单，读者可以根据自己的实际情况选用。

问题解决清单

序号	步骤	工作要求	工具库	记录
1	了解情况	（1）占有丰富的、准确的材料 （2）去粗存精、去伪存真、由此及彼、由表及里，对材料进行加工，总结规律 （3）客观、全面、动态、深入；反对主观、片面、孤立、静止、肤浅地看问题 （4）调查研究事物的内部、外部、各个方面；今天、昨天和明天。	调查研究 Internet 书本 鱼骨图 行为－模式－关系模型 影响力模型 数字说话	
2	分析矛盾	（1）矛盾的普遍性，不要回避矛盾，有问题不可怕，可怕的是不解决问题 （2）一分为二地看待问题 （3）对立统一地看待问题，研究转化方法 （4）分析主要矛盾和次要矛盾 （5）分析矛盾的主要方面 （6）分析矛盾的变化 （7）分析内外因 （8）分析矛盾的特殊性，具体问题具体分析 （9）分析矛盾普遍性与特殊性，总结经验 （10）与逻辑思维结合	影响力模型 先分析后综合，分析事物的内部、外部、连接、发展	
3	解决问题	（1）抓主要矛盾，兼顾次要矛盾 （2）抓紧、抓细、抓具体 （3）集中起来，坚持下去	综合抓 高效执行四原则 影响力模型 横道图 实事求是 群众路线	

Q82 怎样选择合适的施工方案

选择施工方案，可以使用交换、比较、反复的方法。

交换，意为有什么问题，都要多和他人交换意见。看待问题，最难的是把问题看全面了。每个人的看法都反映了事物某一方面的特征，多和不同的人交换意见，听取不同的、反对的意见，才能更全面地看清问题。调查研究也是交换方法之一。

比较，就是产生几个方案以后，要准备几个方案，反复权衡，比较这些方案的优缺点。不仅要和现在的方案比较，也要和过去的、他人的方案比较。通过比较，就能对事物的本质了解得更加清楚。在分析各个方案的可行性和利弊得失后，选出最佳方案。

反复，就是说做了比较以后，不要立刻做决定，要留一段时间反复考虑。过了一段时间看，当时自己的假设、计算方法中的错误更加容易发现。同时过了一段时间，条件可能变了，自己的想法也可能变了。因此，要避免脑子发热，做决定不要太匆忙，要放一段时间，过一段时间再检查一下。反复还有一层意思，就是要在实践中反复认识，正确的坚持，错误的改正。因为现实事物是复杂的变化的，做决策的时候，可能对事物认识不全面，也可能事物在决策之后发生了变化，因此要随时总结经验，改正错误。

举个例子，地下室地面浇筑，一般使用人工平整回填土，三轮车拉灰。刚开始施工的几天，出现了人工平整速度跟不上地面浇筑速度的情况。有人建议增加机械，有人建议使用泵管。究竟选择哪种方案呢？

首先和施工各方交换意见。了解人工平整、机械平整的速度；明确应该增加机械平整。但是要不要使用泵管，如果使用泵管，是使用细石泵还是车载泵，都需要分析。

在了解情况的基础上，产生了三个方案，即使用三轮车浇筑、使用细石泵浇筑、使用车载泵浇筑。对这三个方案比较，分析各自的工期、增加的费用，如下表所示。

	方案一：三轮车打	方案二：细石泵	方案三：车载泵
每天能浇筑施工面积 /m²	400	800	600
地面浇筑工期 /d	37.5	18.75	25
每天能平整面积 /m²	1000	1000	1000
平整工期 /d	15	15	15
平整费 / 元	47170.8	47170.8	47170.8
增加的费用 – 回填车辙（2 个人配合）/元	15000	0	0
增加的费用 – 换混凝土 / 元	0	36000	0
增加的费用 – 泵送费 / 元	0	18000	36000
增加的费用 – 合计 / 元	15000	54000	36000

通过比较，可以发现，方案二工期最短，方案一增加费用最低，方案三工期上可以接受，增加费用比方案二小。项目部经过讨论，暂定使用方案三。

决定使用方案三后，项目部和分包队伍进行协商，分包队伍最后同意他们自己提供细石泵，泵送费他们自行承担。因为他们使用三轮车也要钱，而且使用细石泵，可以节约工期，省下人工费，他们也不吃亏。

由于方案二"增加的费用 – 泵送费"变成了 0，所以项目部最终决定使用方案二。这就是反复的过程。开始应用方案二后，还要检查每天浇筑的面积是否和假设的一致，快了慢了都要进行调整。

Q83 施工员怎样管理时间

参加工作后，我总结了以下的管理时间的原则：

管理时间就是把时间和精力投入到重要的事情上，做正确的事情比快速做完事情更有意义。从一天的角度看，工作中拼命提高效率才能省出来半个小时，晚上打开抖音一刷几个小时就没有了；从长远的角度看，自己工作效率再高，选择的方向错了的话，最后只能越努力离目标越远。

集中注意力，提高工作效率，节约出时间去学习，提高工作能力。然后进一步增加自己的自由时间，用自由时间去健身、恋爱、学习，全面提升自己。这是时间管理的目标和方法。

时间安排不是越紧越好，要留出缓冲时间。车流量很大的路，稍微有辆出点问题，整个路就不能走了。行程太紧，一件事情多花了时间的话，其他事情都要跟着调整。所以说要学会拒绝，不能因为"好心"什么活都接。

人天生就有思维乱飘的倾向。因此集中注意力更像是开车，发现自己走神了，轻轻把思绪拉回来就行，不用责备自己为什么不能专心致志。一天中自己的精力是不断变化的，安排事情要考虑自己的精力。

基于以上原则，我开发了一种特别适合施工员管理自己时间的工具——第四代效率手册。

（1）其主要设计思想

1）以周为单位进行规划，强调 PDCA 的管理思想。

2）按照给事情分配时间的思想管理时间。

3）强调目标分解，给每天以具体的目标和反馈。

4）强调 P/PC 平衡，即工作产出和工作能力的平衡。

5）强调人际关系和角色平衡。

（2）下图是一个第四代效率手册的例子

1）打卡区记录每天都要做的事情，比如"早睡早起"，每天只要在每日记录区对应的行打勾或打叉记录就行。

2）工作区填写每周的工作内容。比如"完成**项目"。

3）成长区记录body、mind、social/emotional、spiritual 的训练内容。

4）时间轴用数字5~21代表每天作息时间。

5）每周目标区定义打卡区、工作区、成长区的本周具体目标。

6）每日记录区一页记录2天。

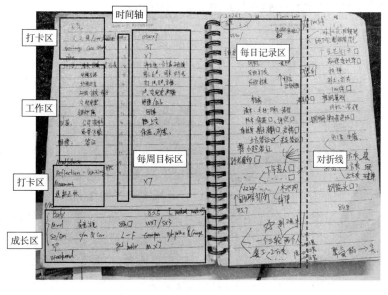

7）对折线：一页记录完后，沿着对折线对折，保证每天都能看的每周目标。

（3）该手册的使用方法

1）做周计划。定义对自己重要但是不急的事情，比如学英语记单词。

给重要但是不急的事情分配时间，比如6点钟记单词，就在时间轴6的那行写上"记单词"。

计划本周工作上要完成的项目，写在工作区。

在目标区写上各项工作的本周目标，比如成长区 Body 那行，目标写减重 1kg。

将各个目标分解到每一天，写在每日记录区。比如体重减 1kg 的周目标，每天的具体目标就是减 150g。

2）每天打卡记录目标完成情况。对于临时插入的事情，比如 16 点开会，可以记录在时间轴 16 对应的行上。

一页写完后，对折，保证每周计划每天都能直接看到。

3）每天和每周总结。每天记录能改进的地方，每周三分析一下各项工作完成情况，增加改善措施。每周日总结各项工作经验。

（4）使用该效率手册的优势

1）以周为单位，能帮助使用者将注意力集中到重要且不急的事情上。由于有对折线，每天都能看到目标。

2）给事情分配时间，让使用者的一天有更多的机动时间。

3）以一周为单位分解目标到每一天，提供了每天的具体目标和反馈，使用者可以知道自己的项目到底是提前还是滞后了。

4）注重使用者劳动成果和个人成长的平衡。

5）需要每天打卡的事情打勾就行，节约了时间。

6）一般一个季度一个本子，便于携带。

Q84 施工员怎样管理自己的精力

工作量 = 效率（专注力）× 时间。

以时间为横轴，专注力为纵轴，时间–专注力曲线围成的面积才是工作量。

对于从事工程的人员来说，容易把忙碌当成生产力，理所当然地认为工作成果和投入的时间成正比。但是工作时间很长的话，人的精力就会下降，最终成果反而不高。

但是施工员往往没有假期，即使有轮休，也是电话不断，变成在家办公。因此，施工员不能依靠休假恢复精力，应该靠良好的生活习惯来保持每天的精力。实际上，每天相同时间做相同的事情，是大脑发挥最大效率的方式。

好习惯一：合理使用手机，保持充足高质量的睡眠，早睡早起

早睡早起的好处很多。特别是对于施工员来说，分包队伍一般 7 点前就开始打电话。如果自己 7 点还没起的话，每天就被电话吵醒，一整天的心情都会很差。

影响施工员睡眠的最大问题应该就是玩手机了。每天晚上 7 点开完会，8 点多做完资料、安排完工作回到宿舍都快 9 点了。这时候不玩一下手机就感觉"对不起自己"，一天就"白白"过去了。而手机上的 APP 都是专门为吸引人的注意力设计的，施工员经常一刷手机就是几个小时，过了 12 点强迫自己睡下，第二只能天迷迷糊糊起床。

我的经验是把床当作睡觉的地方，不要把手机带到床上。有条件的尽量自己租个房子，不要住宿舍。租房子住的时候，不要把手机带到卧室里面。睡前 2 个小时要放松。不要吃东西、玩手机，要听音乐、聊天、读书。

人想睡觉的时间是由起床的时间决定的。因此，把闹钟放在自己手够不着的地方，这有助于帮助自己早起。

好习惯二：保持运动

运动应该摆在和吃饭、睡觉一样重要的程度。

燃烧我的卡路里

运动快感的到来需要一段时间。一般每周 4 次，每次 20min 以上，6 周以后会喜欢上运动。要找到自己激情所在的运动。许多人不喜欢运动，但是喜欢上运动的方法就是开始运动。

通过持续运动，身体更加熟练和适应，更加容易继续运动。运动分泌激素，运动改变大脑，运动改变自己对自己的看法。

不要因为嫌弃自己的身体而强迫自己运动，要带着照顾自己身体的想法去运动。

好习惯三：根据自己一天的精力波动规律分配工作

上午是大脑专注力最强的时候，要进行需要集中注意力的工作。如果一上班先看邮件、上网，是对时间极大的浪费。早上起床后的 2~3h，是大脑的黄金时间。中午要小睡 30min。午睡时间超过 30min 的话，会影响下午工作，也不利于晚上睡觉。下午可以做深蹲、散步等重启效率。

好习惯四：保持工作和生活平衡

施工员似乎只有工作，没有生活，但是施工员也是人，人的本质是追求全面发展、追求自主的创造性的活动。通过提高工作效率，施工员也可以有生活。

提高工作时候的注意力，可以减少工作时间。利用省下来的时间，进一步学习新技术，可以进一步节约时间。比如对于施工员来说，做资料花费的时间很多，但是如果掌握 VBA 的话，就能很快做完资料。

要注意创造出来的"自由时间"，要用于投资自己、主动性娱乐、享受人生。从忙碌中解放出来，不能继续增加工作时间。因为我的工作效率高，好几个领导都给我安排工作，很长一段时间，每天我都得 5 点多跑到办公室开始干活，结果把自己搞得很累。现在看来，应该用合适的方法拒绝一部分工作才行。

利用零散的 15min 时间读书，而不是一有空就打开手机。

娱乐分为主动性娱乐和被动性娱乐。被动性娱乐例如看电视、打游戏，除了放松一下，消磨时间，没有别的好处。主动性娱乐如读书、运动、棋类等，可以帮助恢复精力。

兄弟们下班了告辞!

工作和生活可以兼得。5 点以前，是工作时间；5 点以后，应该和家人共度美好时光。因此，工作的时间要拼命工作，好在 5 点之前把工作做完。

对于施工员来说，5 点下班不现实，但是也要给自己时间限制，定好下班时间。"工作没

做完，可以加班"正是这样的想法，让人不集中注意力，没有效率。为了按时下班，下午 4 点以后，要对剩余工作冲刺。

不要让压力和疲惫过夜。离开公司后就忘掉感性的烦恼。

好习惯五：有意注意

大脑一次处理的信息是有限的，所谓的多任务，实际是注意力的快速切换，最后造成自己很累。

所以遇到事情的时候，先停一下，看看是什么类型的工作。两分钟之内能做完的，就马上去做；两分钟内做不完的，就记在本子上，找一个时间去做。保持大脑专注于一个任务，而不是干着一件事情又想着别的事情。

工作强调结果，但是过程中不能只想着结果，要把注意力集中到动作上。就像游泳到对岸，隔一段时间看看对岸，但是大部分时间放在游泳上。只关注目标，就会产生焦虑、自我怀疑等情绪，关注具体的过程，符合大脑的生理学结构，可以带来平静。

不同安排的一天对比：

序号	时间	高效的一天	低效的一天
1	06:00~06:45	起床，洗澡	睡觉
2	06:45~07:00	散步，思考一天工作事项	睡觉
3	07:00~07:40	复习，记忆	被分包吵醒，继续睡觉
4	07:40~07:50	吃饭	着急起床、路上买点吃的
5	07:50~08:00	写工作计划	办公室吃早饭
6	08:00~11:00	集中注意力工作	刷一下手机，接电话后去工地
7	11:00~11:30	上午工作小结	等吃饭，刷手机
8	11:30~12:00	午饭，散步，思考	睡觉
9	12:00~12:30	小睡	睡觉
10	12:30~13:10	写作，读书	睡觉
11	13:10~13:30	散步，思考	睡觉
12	13:30~16:00	事务性工作	起来，刷一下手机，去工地
13	16:00~17:30	冲刺，安排第二天工作，准备下班	等吃饭
14	17:30~17:40	吃饭	吃饭
15	17:40~19:00	20min 力量运动 40min 羽毛球、跳绳	打游戏
16	19:00~21:00	学习	刷手机
17	21:00~22:00	放松	刷手机
18	22:00~22:30	入睡	刷手机
19	22:30~00:30	睡觉	刷手机
20	结果	精力充沛 高效完成工作，也有时间学习 有工作有生活	精力涣散 勉强完成工作，本领没有提升 每天 = 工作 + 玩手机

$Q85$ 提高现场管理能力的工具

完成任何一件事情，都离不开动力和能力。现场出现问题，我们常常把原因归于管理人员责任心不强，却很少注意到他们可能存在自身能力不足的问题。

工欲善其事必先利其器。本小节总结介绍了几种简单实用的工具，可以帮助公司新员工快速提高自身管理能力，对参加工作多年的老员工也有启示作用。

几种实用的管理工具：思维导图、网络周计划图、消耗量定额和清单。

1.对抗遗忘的工具——思维导图

施工员经常碰到这种情况：将分包管理人员拉到现场交代完一些事情，等分包管理人员走后，发现还有一些问题没交代。或是打电话说了一个问题，挂了电话发现还有没说完的。解决这种问题，可以使用思维导图。

如下图所示，将日期写在中心，发散到分包单位管理人员，每个分包单位管理人员发散出有关的事项。这样就能顾得全，现场遇到一个分包管理人员，就可以按照思维导图一次协调和该管理人员有关的所有问题。

思维导图还有一个优点是添加和删除非常方便。开会提的或是现场发现的问题，可以用笔直接写到有关管理人员后面，这样就不会出现遗忘某件事的情况。完成的任务可以打个勾表示结束了。

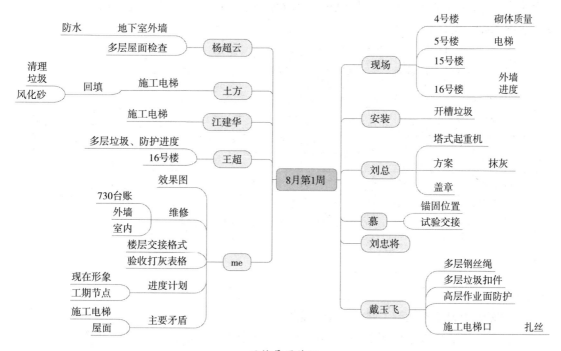

思维导图范例

2.工作安排的工具——周计划网络图

总承包管理的现场事务众多，现场管理人员将大量的精力用于处理现场事物，往往做不到对工期的主动管理。同时施工员手上往往是只有比较粗的节点计划，平时进度到底有没有落后，落后多少看不出来。

使用周计划网络图，可以帮助管理人员规划一周的任务，做到心中有数。

如右图所示，以纵坐标为楼层，横坐标为日期，绘制一周的工作计划。这样每天各层在干什么工作，哪些工序需要协调都能一目了然。绘制进度图需要和分包单位协商，协商的过程就能了解很多情况。

以一周为单位的好处是一周的工作能看得比较细。将节点计划分解到每周，出现工期滞后的现象能及时采取措施纠偏。比如工期节点是一个月砌筑12层，那么一周就要砌筑3层。以一周完成3层为目标编制详细计划，每天落实跟

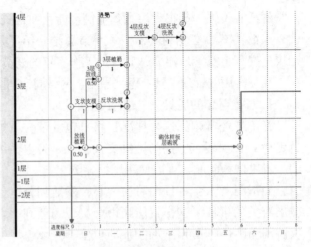

每周网络计划范例

踪，画一条已完工作前锋线，就能看到滞后多少，方便采取措施。

施工员平时一般不编制计划。一是觉得编制计划累；二是觉得编制计划没什么用，计划赶不上变化，现场该怎么干怎么干。使用网络图编制一周计划，操作简单，能实际发挥作用。

不熟悉绘制网络计划的施工员，也可以使用 Excel 制作计划：

序号	项目	本周目标	6月14日 周日	6月15日 周一	6月16日 周二	6月17日 周三	6月18日 周四	6月19日 周五	6月20日 周六	6月21日 周日
1	天气	/	晴天	晴天	晴天	晴天	晴天	晴天	晴天	晴天
2	负二层7、9之间地面（面积3294平米，已经浇筑420平米）	浇筑完成	浇筑地面整平	浇筑地面	浇筑地面	养护	养护	养护	养护	养护
3	负二层6、8之间西段1525平米	浇筑完成		整平	整平	浇筑	浇筑	养护	养护	养护
4	负二层6、8之间东段1656平米	浇筑完成				整平	整平	浇筑	浇筑	养护
5	负二层3号楼北侧610平米	浇筑完成						整平		浇筑
6	负二层1、2之间1260平米	整平完成	回填	回填	回填				整平	整平
7	负二层1号楼抹灰	抹灰完成	喷浆挂网	喷浆挂网	喷浆挂网	喷浆挂网	养护	养护		
8	负二层2号楼抹灰		喷浆挂网	养护	养护	养护	抹灰	抹灰	抹灰	
9	负二层3号楼抹灰		喷浆挂网	养护	养护	养护	抹灰	抹灰	抹灰	
	负二层4号楼抹灰		开槽	开槽	开槽	开槽	补槽	补槽		
	负二层5号楼抹灰						开槽	开槽	开槽	开槽
	负二层6号楼抹灰			喷浆挂网	喷浆挂网	养护	养护			
	负二层7号楼抹灰			喷浆挂网	喷浆挂网	养护	养护			
	负二层8号楼抹灰					喷浆挂网	喷浆挂网	养护	养护	
	负二层9号楼抹灰					喷浆挂网	喷浆挂网	养护	养护	
10	负二层2、3之间1400平米									
11	1、2、3号楼西侧道路									回填

3. 确定劳动力需求量的工具——施工定额

工期落后需要加人，施工员往往不清楚要加几个人。确定劳动力数量有经验法和查定额法。经验法是和劳务管理人员碰，这里具体介绍定额法。

比如防水需要的人数，查《山东省建筑工程消耗量定额》，满铺 SBS 改性沥青防水卷材每 $10m^2$ 综合工日为平面0.4，立面0.51，塔式起重机基础尺寸平面 $25m^2$，立面 $20m^2$，需要（$25/10 \times 0.4 + 20/10 \times 0.51$）=2.02 个工日。考虑防水完成后晚上浇筑混凝土，不影响第二天上钢筋，因此防水施工可以定为工人2人，工期一天完成。

有些劳务管理人员自身水平也不高，或是劳务队伍工人数量较紧张时，劳务管理会忽悠项目部人员，因此劳务队伍说的人数也不一定准确。掌握使用定额，可以在和劳务队碰

计划时心中有数。

掌握定额，还可以帮助复核队伍提的物资计划，也能提高写施工方案的水平。

4. 质量和安全管理的工具——清单

住宅工程具有施工技术相对成熟的特点。大部分活都是以前干过的，施工工艺在一定时间内相对比较稳定。因此总结经验是提高认识、增长才干、搞好工作的关键环节。同时由于住宅类项目工期较长，涉及阶段多，如果不及时总结经验，可能到下一个项目就记不起来以前的经验和教训。因此必须养成总结经验的习惯，改造自己的主观世界和提高认识能力。

	A	B	C	D	E	F	G	H	I	J
1	序号	工作	人	机	料	工期	法	环	安全	质量
2	1	放线	2	GPS	白灰、钢筋头	0.5	图纸定位、拆高	天气		经纬仪复核
3	2	挖土	0	400挖机			避免超挖，最后15~20cm人工清理		保持和机械的距离	持力层复核
4	3	垫层	自卸	混凝土C20合计1方	晚上		顶标高控制	天气、道路		
5	4	砖胎膜	4	铲车卸砖	灰砂砖、砂浆	1	平面净尺寸控制	天气		
6	5	防水	2		卷材	1	立面高度、厚度		不能使用煤气罐	搭接宽度检查
7	6	钢筋	4	铲车卸钢筋	按照图纸下料	1	钢筋间距			检查绑扎和间距
8	7	模板	4	队伍配模		2	模板的加固、尺寸检查、止水钢板		焊接注意	止水钢板焊接
9	8	混凝土	4	自卸	C45P8 63立方	1	振捣到位、预埋件观察	天气、道路	绝缘检查	振捣质量
10	9	拆模	2				洒水养护			
11	10	联系厂家安装	0			浇筑后10天	送同条件试块			

清单范例1

如上图所示，对每一个分项工程，按照施工工艺分解，写在清单的竖向上。例如对于塔式起重机基础施工，涉及的施工工艺为放线——挖土——垫层——砖胎膜——防水——钢筋——模板——混凝土——拆模。清单水平方向上是各种施工要点。

对照清单，按照 PDCA 循环的思想，持续改进。比如塔式起重机基础施工，如果一个住宅项目有 9 个塔式起重机基础，有了施工要点清单，就不是把一个活机械重复地干 9 遍，而是在每一次基础施工中让自身专业管理能力都有所提高。

清单还可以作为要求工人的依据。

如右图所示，将施工工序要点列成清单发给工人，验收和平时检查拿出清单和工人对照，这样工人不会说没有标准，不知道怎么干。

施工员对安全的管理，可以使用清单列出要点，如右图所示。这样就解决了施工员不会管安全的问题。

本小节介绍了笔者现场管理中实际使用的几种实用的管理工具：思维导图、网络周计划图、消耗量定额、清单。编者相信，如果读者能在平时主动使用这些工具，一定能极大地提高自己的总承包管理的专业管理能力。

墙柱钢筋验收清单

时间：　　年　　月　　日
部位：　　号楼　　层

序号	对象	要求	检查
1	水平钢筋	暗柱内锚固情况	
		间距	
		搭接长度	
2	竖向钢筋	钢筋搭接长度	
		间距	
		起步筋	
3	拉钩	绑扎情况	
		间距	
		位置	
4	边缘柱	箍筋间距	
		箍筋规格	

清单范例2

信号工起重吊装检查清单（　　月　　日）

项目	检查项		
吊装环境	视野	指挥信号	有无不明堆件
	钢丝绳有无断丝、扭结	钢丝绳绳卡	吊钩有无裂缝
吊装杆状物（钢管等）	是否超重		
	捆绑是否牢固		
	钢管有无长短吊		
	被吊物上有无人或物		
	卸扣方向		
	棱角处有无衬垫		
	重心居中		

清单范例3

第 4 章

收尾与维修阶段要点

本章介绍了各种快速做资料、做结算的技巧，应用这些方法，可以达到晚上不用加班的效果。

4.1 资料制作技术要点

Q86 PDF转Word及从图片提取文字

有一次，我看见一位同事计算机屏幕上左边开着一个 PDF 文件，右边开着一个 Word 文件，他在对照着打字，把 PDF 格式的改成 Word 格式的。

对照着打字的方法比较慢，下面介绍一下比较快速地将 PDF 格式文档转化为 Word 文档的方法。

1. PDF转Word格式

方法 1：使用 Word 软件打开文档，"文件" – "另存为"，选择 Word 格式。

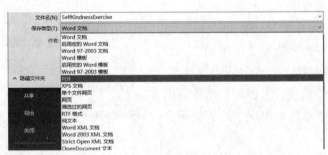

方法 2：使用 Adobe acrobat 打开 PDF，另存为 Word 格式。

这两种方法输出的文件都需要再调整一下格式。

2. 从图片提取文字

有些 PDF 是加密文档，无法用软件改格式。还有的时候需要从图片提取文字。这两种情况可以使用 OCR 软件。

以天若 OCR 软件为例，介绍一下这类软件的用法。

步骤一：打开 OCR 软件。

步骤二：点击"文本"按钮。

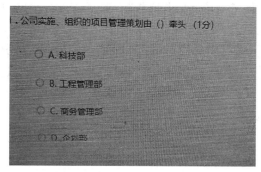

步骤三：框选要提取的文字。

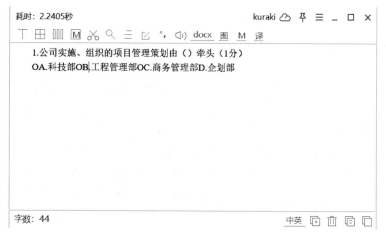

步骤四：对比修改文字，复制到 Word 中。

文字识别效果如下图。

点击"图"按钮，就可对比，修改内容。

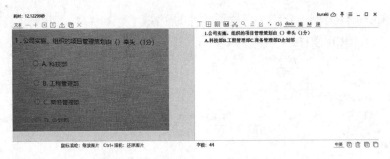

Q87 施工员应该知道的Excel知识

有一次，我在改动同事发给我的表格，增加了一行数据后，我发现合计那一栏的数字没有变动。点击合计单元格一看，里面的公式居然是用"+"把在一列上的十几个数据链接起来的形式。这位同事宁愿打十几个加号，也不愿意去花点时间学习一下求和函数。

还有一次，我看见一位同事在做分户验收表。他的方法是每户一个文件，不断地在复制粘贴修改。于是我为他写了一个VBA函数，不到15min就连着打印把几百户的资料做完了。这位同事非常开心，激动地说要请我吃肯德基，感谢我给他省了好几个晚上的时间（实际上直到离开了也没有请）。

学好Excel，能节约很多时间。特别是施工员做的资料，大部分内容形式上是重复的，常规做法是复制粘贴修改，很容易应用Excel技巧。此外，以后要是换行业工作的话，Excel也是必备的工作技能。

学习Excel，方法是买参考书，边学边应用到工作中。不要求一次学多少，只要每天坚持学一点就行。学习一段时间，发现自己效率大大提高了，就更有兴趣学习了。

Excel知识基本可以划分为函数与公式、数据透视表、VBA三部分。

可以从函数与公式入门。函数虽然很多，但是常用的也就是sum、vlookUp、&连接字符串、If这几个。常用的函数熟练使用，其他情况百度或是看参考书选择合适的函数就行。比如想提取字符串中的固定位置的字符串，心里大致有个概念，知道需要文本处理函数，去查参考书就行了；遇到需要大小写转化的函数，去网上查一下，然后复制改写就行。

对于物资和商务部门的同事，建议掌握数据透视表这个工具。有一次我看一位同事加班到精神崩溃，问她什么原因，说是要从一个大表中，提取出每个月每个队伍的信息。她每次都要筛选、另存为，既烦琐又容易出错。于是我给她新建了一个数据透视表，单击一下表格就出来了。

最后推荐学习VBA。很多人一看要编程就觉得很难，不敢学。其实VBA只是工具，施工员不用学得很精通，只要能用就行。我们不需要自己从零开始编写一个程序，只要有问题的时候百度一下相关的代码，自己能改编就行了。VBA威力非常大，就像开头举的例子，传统方法几个晚上的工作量使用VBA几分钟就能解决。好用的代码存好，下次用的时候复制代码就行。

Q88 如何快速做资料

　　施工资料制作占用了施工员很多时间，有没有办法快速制作施工资料呢？

集体加班做资料

　　施工资料的特点是数量多，每个检验批要做一个，种类也多。同时，相同种类的资料，每个检验批之间的内容相差不多，主要是部位和日期有差别。观察施工资料制作过程，一般是先填好样板，然后复制，复制完改部位和日期，接着复制样板做下一个部位的资料。主要时间花在复制文件和修改文件上了。如果可以自动复制和修改文件，那就能节约时间了。

　　消除机械重复劳动，正是 VBA 的专长。

　　下面以住宅分户验收表为例，讲解使用VBA快速做施工资料的方法。

　　第一步：制作样板。

　　填写工程名称、建设单位等信息，做一个资料样板。观察这个分户验收表，需要改动的是房间号那一个单元格的内容。

　　第二步：制作要填充的信息的列表。

　　新建一个"部位"表，填写部位名字。

　　第三步：修改VBA代码。

Public Sub fuzhi（　）

Dim I As Integer

Dim str As String

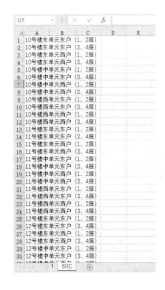

```
For I = 1 To 163
    Sheets（"1"）.Select
    Sheets（"1"）.Copy Before:=Sheets（1）
    Sheets（1）.Name = I & "N"
    Sheets（1）.Range（"N3"）= Sheets（"部位"）.Cells（I, 1）.Value
    Next
End Sub
```

　　上面代码中，"163"是部位的数量，可以根据实际修改。字体加粗部分的代码是复制样板表的代码。Sheets（1）.Range（"N3"）= Sheets（"部位"）.Cells（I, 1）.Value 表示把样板中的 N3 单元格的内容改成"部位"表中的第 I 行，第一列的内容。

制作其他资料时，把 N3 替换成要改的单元格的位置；需要改动的地方不止一处时，可以复制这句话修改。在"部位"表中，第二列接着写要改的内容。

第四步：运行代码，打印文件。

运行代码后，就能得到一个有很多表的文件。打印时选择整个工作簿。

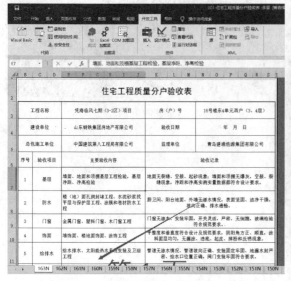
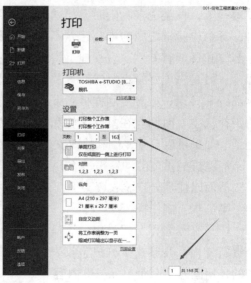

使用手工复制、修改表格的方法做资料，假设马不停蹄，半分钟做一个检验批，这个 163 个部位的资料就要做 82min。而使用 VBA，只需 2min。效率提高了 41 倍。

施工资料种类多，比如主体阶段，有钢筋、模板、混凝土资料。钢筋里面又分原材、加工、连接、安装、隐蔽。住宅项目 30 多层，检验批的数量也多。要做的资料的种类乘以检验批数量，是一个不小的数。所以施工员常常加班做资料到很晚。但是做资料毕竟是重复的机械的工作，只是单纯地消耗时间和精力。将上文中的代码复制一下、稍稍修改，就能从繁杂的资料工作中解放出来。

Q89 利用VBA快速制作销项表

项目各个阶段都要使用销项表整改问题，提升质量。照片数量比较多时，销项表制作就比较麻烦了。特别是施工后期交房之前，问题照片很多。按照一户 4 个问题照片，一栋楼 120 户算的话，每个楼的销项表就有 480 个照片需要插入。如果在 Excel 表中使用鼠标依次插入，就会非常费时间和体力。

本小节介绍用 VBA 函数快速批量插

销项会

入照片的方法，步骤如下：

1. 把销项照片放在一个文件夹里面，用 Excel 打开销项表

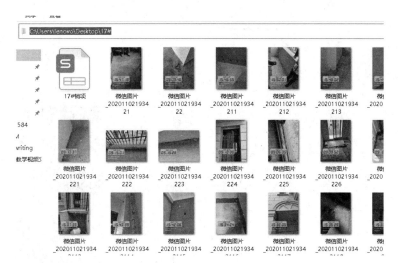

2. 打开 VBA 编辑器

输入以下代码，根据自己的情况调整代码。

```
Sub test()
Dim sht As Shape
Dim i As Integer
Dim pth As String
Dim pic As String

pth = "C:\Users\lenovo\Desktop\17#"
pic = Dir(pth & "\*.jpg")
i = 2

Do While pic <> ""
    Set shp = Sheets(1).Shapes.AddPicture(pth & "\" & pic, msoFalse, msoTrue, Range("C" & i).Left, Range("C" & i).Top, Range("C" & i).Width, Range("C" & i).Height)
    shp.Placement = xlMoveAndSize
    i = i + 1
    pic = Dir

Loop

End Sub
```

Sub test（ ）

Dim sht As Shape

Dim i As Integer

Dim pth As String

Dim pic As String

pth = "C:\Users\lenovo\Desktop\17#"　　'双引号里面写图片在的文件夹的路径

pic = Dir（pth & "*.jpg"）

i = 2

Do While pic <> ""

　Set shp = Sheets（1）.Shapes.AddPicture（pth & "\" & pic, msoFalse, msoTrue, **Range**（ "C" & i）.Left, **Range**（ "C" & i）.Top, **Range**（ "C" & i）.Width, **Range**（ "C" & i）.Height）

　'上一行中把 Range（）里面的内容改成自己销项表照片的位置，比如第一张要插入的照片在 D 列，就把 C 改成 D；i 代表第几行，有改动的话，可以把 i=2，改成 i= 要插入的行号；比如第一张要插入的照片在 D5 单元格，就把 i=2 改成 i=5。

　shp.Placement = xlMoveAndSize

```
    i = i + 1
    pic = Dir
  Loop
End Sub
```

3. 运行 VBA

运行这段代码，就可以快速插入照片了。

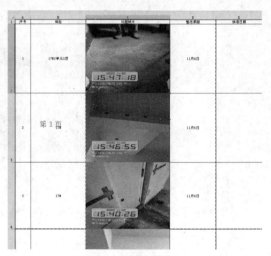

| 插入前 | 插入后 |

4. 代码简析

（1）通配符　使用 *.jpg 和 dir 函数，返回所有 jpg 图片的文件名。

（2）dir 函数　这个函数第一次使用需要路径参数，返回文件名。第二次就不需要参数，能返回第二个文件的文件名。当找不到文件或文件都找完了时，会返回空值，然后返回错误值。

（3）AddPicture 函数　添加照片的函数，参数含义可以查看帮助文件。 shp.Placement = xlMoveAndSize 这句话是让添加的照片可以根据表格调整大小。

实际使用中，把代码中的文件路径替换一下，把照片要插入的单元格坐标改一下就行了。需要改动的地方用加粗字体标注了，旁边也写了注释。

$Q90$ 怎样申请科技成果

1. 申报科技成果的好处

工程中和施工员关系密切的科技成果是专利、论文、QC、工法、五小成果等。很多施工员觉得科技成果是个高大上的东西，是很有难度的，和自己没有关系，因此平时很少关注。其实，工程上的科技成果并不是火箭科技那样复杂，只要用心，就都能申报成功。

申报成功科技成果的好处有很多：

大部分公司对于专利和工法都有明确的经济奖励。

大部分公司每年对员工考核的时候，科技成果会被列为加分项。

科技成果一般可以署五个人的名字。申报科技成果的时候，带上领导和同事的名字，可以增进友谊。

科技成果可以丰富个人的简历。"完成国家专利 7 项"等话可以给简历增加亮点。

除此之外，申报科技成果还能锻炼自己的能力，如观察能力、分析总结能力、软件使用能力、写作能力等。

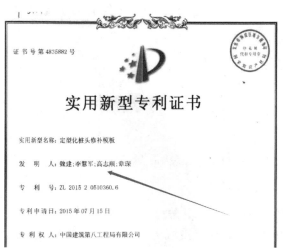

证书号第4835882号

实用新型专利证书

实用新型名称：定型化桩头修补模板

发　明　人：魏建；李慧军；高志顺；章琛

专　利　号：ZL 2015 2 0510360.6

专利申请日：2015年07月15日

专利权人：中国建筑第八工程局有限公司

2. 怎样申报科技成果

对于施工员来说，可以从专利和论文入手。专利以后可以直接改编成五小成果；工法和 QC 建议组队做，或是在总工指导下做。

为了申报科技成果，首先要带着初学者的心态观察工地，只要是自己感觉有新意的东西就可以写。例如，主体工程施工的时候，用槽钢焊接了一个电梯水平洞口的防护装置。我觉得很实用，以前没见过，就申报了专利。申报成功后，安全部的人看了都说，"这也能申报成功啊，我以前都见过，早知道我自己写了。"所以说，写专利关键是自己用心观察，不要对工地的事物视而不见。

对于论文来说，除了介绍有新意的事物，还可以从总结经验的角度出发写。比如，项目上第一次使用爬架，问题很多，把这些问题和解决办法总结一下，就是一篇论文。

心里有了素材还不够，还要安排时间把它们写出来。科技成果整理属于重要但是不急的事情，工地上又累又忙，往往我们会把这件事拖延下去。有时候我有一个想法，也会拖上一个月才写。但是科技成果从写好到发表还要花一段时间，比如专利要好几个月，因此，有想法的话尽快写比较好。

论文和专利有固定的格式要求。这些要求可以向总工要。专利要求配原理图，因此最好自学一点 3D 建模的软件。但是不会也没关系，可以用 Auto CAD 画三视图代替。

写好的论文，交给副职领导即可，他们会找杂志发表。在这些期刊上发表论文，一般是作者给杂志社钱，所以论文很好发表。

而专利由国家审核，不能百分百申报成功。从编者的经验来看，专利一般是申报三个成功一个。所以专利要多写，写完后交给总工，由总工提交给公司，公司再联系专业的知识产权管理公司申报和维护。

为了给读者一个直观的印象，我将一个发给专利公司的文件和专利公司最后申报完成的文件附在后面。通过比对可以得到专利并不难写的结论。

交给专利公司的文档：

定型化桩头修补模板

魏健 李慧军 高志顺 章琛

技术领域

本发明涉及建筑施工领域，具体是指一种灌注桩桩头修补用的定型化模板装置。

背景技术

灌注桩破桩头后，桩头需要进行修补以方便防水施工。桩头修补的传统方法为用圆柱形模板支模浇筑混凝土。拆模后用木抹子修出桩头圆角。由于修补桩头的混凝土强度一般在 C40 以上，骨料的粒径较大。传统方法存在收面效果差、费时费力的缺点。

发明内容

本实用新型装置是为了克服传统模板收面效果差、费时费力的缺点，提供一种提高灌注桩桩头修补质量和速度的工具。

本实用新型定型化桩头修补模板，由上模壳、下模壳、铁皮、肋板、木块等组成，其特征是：上、下模壳为半径不同的同心圆模板。肋板钉在上下模壳之间，铁皮钉在肋板和模壳上。在上、下模壳之间钉木块以加强整体刚度。使用时，将该装置套在桩头上，浇筑混凝土后振捣。由于上、下模壳大小不一，拆模后桩头能直接形成平顺连续的圆弧角，不需要再用木抹子修补。

本实用新型装置的优点和积极效果：1）桩头混凝土收面效果好。2）不需再抹圆弧角或收面，加快了施工工期。

附图说明

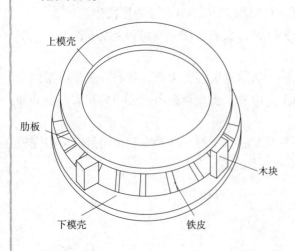

实物照片

专利管理公司申报完成的文档如下图所示：

(19) 中华人民共和国国家知识产权局

(12) 实用新型专利

(10) 授权公告号 CN 204849752 U
(45) 授权公告日 2015.12.09

(21) 申请号 201520510360.6
(22) 申请日 2015.07.15
(73) 专利权人 中国建筑第八工程局有限公司
地址 200122 上海市浦东新区世纪大道
1568 号 27 层
(72) 发明人 魏建 李慧军 高志皓 章深
(74) 专利代理机构 上海唯源专利代理有限公司
31229
代理人 曾耀先
(51) Int.Cl.
E02D 5/64 (2006.01)
E02D 5/66 (2006.01)

权利要求书1页 说明书2页 附图1页

(54) 实用新型名称
定型化桩头修补模板

(57) 摘要
本实用新型提供了一种定型化桩头修补模板，包括：下模壳；上模壳，所述上模壳和所述下模壳为半径不同的同心圆模板；连接筒，连接于所述下模壳和所述上模壳，使得所述下模壳的圆孔和所述上模壳的圆孔连通并形成供桩头套入的修补通道；以及固定于所述下模壳和所述上模壳之间、并顶靠于所述连接筒的肋板。本实用新型使用时，只需将破损的桩头套入修补通道内，然后，浇筑混凝土即可，由于上模壳开设的圆孔半径和下模壳开设的圆孔半径大小不一，拆模后桩头能直接形成平顺连续的圆弧角，不需要再用木抹子修补，加快了施工工期，进而解决了现有的桩头修补方法存在收面效果差、费时费力等问题。

CN 204849752 U

说明书 1/2 页

定型化桩头修补模板

技术领域
[0001] 本实用新型涉及建筑施工领域，具体涉及一种定型化桩头修补模板。

背景技术
[0002] 灌注桩破碎桩头后，桩头需要进行修补以方便防水施工。桩头修补的传统方法为用圆柱形模板支模浇筑混凝土。拆模后用木抹子修出桩头圆角。由于修补桩头的混凝土强度一般在 C40 以上，背面的粒径较大。传统方法存在收面效果差、费时费力的缺点。

实用新型内容
[0003] 为克服现有技术所存在的缺陷，促提供一种定型化桩头修补模板，以解决现有的桩头修补方法存在收面效果差、费时费力等问题。
[0004] 为解决上述问题，一种定型化桩头修补模板，包括：下模壳；上模壳，所述上模壳和所述下模壳为半径不同的同心圆模板；连接筒，连接于所述下模壳和所述上模壳，使得所述下模壳的圆孔和所述上模壳的圆孔连通并围设形成供桩头套入的修补通道 4；以及固定于下模壳 2 和上模壳 1 之
[0005] 本实用新型定型化桩头修补模板的进一步改进在于，所述下模壳的圆孔半径大于所述上模壳的圆孔半径，所述连接筒呈锥台。
[0006] 本实用新型定型化桩头修补模板的进一步改进在于，所述连接筒由金属皮围合而成。
[0007] 本实用新型定型化桩头修补模板的进一步改进在于，还包括支撑于所述上模壳和所述下模壳之间的支撑块。
[0008] 本实用新型定型化桩头修补模板的进一步改进在于，所述支撑块为木块。
[0009] 本实用新型的有益效果在于，使用时，只需将破损的桩头套入修补通道内，然后，浇筑混凝土后振捣即可，由于上模壳开设的圆孔半径和下模壳开设的圆孔半径大小不一，拆模后桩头能直接形成平顺连续的圆弧角，不需要再用木抹子修补，加快了施工工期，进而解决了现有的桩头修补方法存在收面效果差、费时费力等问题。

附图说明
[0010] 图 1 为本实用新型定型化桩头修补模板的示意图。

具体实施方式
[0011] 为利于对本实用新型的结构的了解，以下结合附图及实施例进行说明。
[0012] 请参照图 1，图 1 为本实用新型定型化桩头修补模板的示意图。如图 1 所示，本实用新型提供了一种定型化桩头修补模板，包括：上模壳 1；下模壳 2，上模壳 1 和下模壳 2 为半径不同的同心圆模板；连接筒 3，连接于下模壳 2 和上模壳 1，使得下模壳 2 的圆孔和上模壳 1 的圆孔连通并围设形成供桩头套入的修补通道 4；以及固定于下模壳 2 和上模壳 1 之

3

CN 204849752 U

权利要求书 1/1 页

1. 一种定型化桩头修补模板，其特征在于，包括：
下模壳；
上模壳，所述上模壳和所述下模壳为半径不同的同心圆模板；
连接筒，连接于所述下模壳和所述上模壳，使得所述下模壳的圆孔和所述上模壳的圆孔连通并形成供桩头套入的修补通道；以及
固定于所述下模壳和所述上模壳之间、并顶靠于所述连接筒的肋板。
2. 根据权利要求 1 所述的定型化桩头修补模板，其特征在于，所述下模壳的圆孔半径大于所述上模壳的圆孔半径，所述连接筒呈锥台。
3. 根据权利要求 1 所述的定型化桩头修补模板，其特征在于，所述连接筒由金属皮围合而成。
4. 根据权利要求 1 所述的定型化桩头修补模板，其特征在于，还包括支撑于所述上模壳和所述下模壳之间的支撑块。
5. 根据权利要求 4 所述的定型化桩头修补模板，其特征在于，所述支撑块为木块。

2

CN 204849752 U

说明书 2/2 页

间、并顶靠于连接筒 3 的肋板 5。
[0013] 以下对上述组件进行详细说明。
[0014] 如图 1 所示，上模壳 1 和下模壳 2 均为环形模板，上模壳 1 开设的圆孔与下模壳 2 开设的圆孔为同心圆圆孔，且上模壳 1 开设的圆孔半径小于下模壳 2 开设的圆孔半径。上模壳 1 开设的圆孔与下模壳 2 开设的圆孔连接布连接筒 3，连接筒 3 呈锥台。连接筒 3 围设于环形模板内径，并形成有供桩头套入的修补通道 4。较佳地，连接筒 3 可以为铁皮围合而成。修补破损的桩头时，只需将桩头套入本实用新型新型定型化桩头修补模板的修补通道 4 内，然后，浇筑混凝土后振捣即可。由于上模壳 1 开设的圆孔半径和下模壳 2 开设的圆孔半径大小不一，拆模后桩头能直接形成平顺连续的圆弧角，不需要再用木抹子修补。
[0015] 为了加强整体桩头修补模板的刚度，如图 1 所示，除了在上模壳 1 和下模壳 2 之间固定贴靠于连接筒 3 的肋板 5 之外，上模壳 1 和下模壳 2 之间还支撑有支撑块 6，该支撑块 6 可以是木块。
[0016] 本实用新型的有益效果在于：
[0017] 本实用新型定型化桩头修补模板在使用时，只需将破损的桩头套入修补通道内，然后，浇筑混凝土后振捣即可，由于上模壳开设的圆孔半径和下模壳开设的圆孔半径大小不一，拆模后桩头能直接形成平顺连续的圆弧角，不需要用木抹子修补，加快了施工工期，进而解决了现有的桩头修补方法存在收面效果差、费时费力等问题。
[0018] 以上结合附图实施例对本实用新型进行了详细说明，本领域中普通技术人员可以根据上述说明对本实用新型做出种种变化例，因此，实施例中的某些细节不应构成对本实用新型的限定，本实用新型将以所附权利要求书界定的范围作为保护范围。

CN 204849752 U

说明书附图 1/1 页

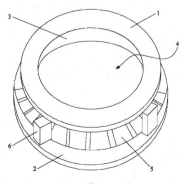

图 1

4.2 结算和维修工作技术要点

Q91 做结算的要点

1）重视现场。对量前，每一个分项都要在现场核对一下是否都施工了，对量过程中，产生的争议要及时结合看现场解决。

预算员平时工作很忙，往往觉得抽不出时间去现场。实在很忙时，可以找施工员来办公室问问现场情况。曾经有个分包单位的预算员，她做的预算书非常漂亮，有条理且准确，问她是怎么做到的。她说，对量之前先到工地仔细看了一圈。预算员虽然主要和图样打交道，但是还是要尽量抽时间去工地，因为图样和现场完全一致的情况不是百分之百，另外，现场可以给自己增加量差的灵感，也可以发现自己对图样不正确理解的地方。

2）结算书签字、日期、盖章要齐全。交给公司的材料细节上要做好，不要因为格式不对退回来改。可以列一个单子，每次对着单子检查，避免小失误。

3）大写数字的输入，可以使用搜狗输入法，"V+数字"。

4）创造量差才能体现预算员的价值。对量准备两套资料，争取合理的量差。为了创造量差，要熟悉现场和图样。

5）对数字要记忆，对数字合不合理要进行分析。比如有一次，给桩基单位付款单上填了1000万元，送给分公司后被分公司领导发现了。这个数字显然是不合理的，因为数值太大了。

6）算量要有依据，不可臆想尺寸。比如有个预算员和分包单位对量的时候，没时间去现场量挡水台的尺寸，就对着照片想了一个尺寸，结果审计单位要去现场量，最后还要找分包单位重新对量，非常麻烦。

7）算量过程中要认真，保证一次正确。只要前提正确，计算方法正确，那么结果一定是正确的。检查不能少，但是不能一开始就寄托于检查，要一开始就高标准计算。

8）必须检查。计算过程要检查，公式要检查。特别注意，改动一个数据时，和这个数据相关的数据也要检查一下。曾经和审计对量的时候，把地下室普通地面的量增加了一块过去没算的地方，但是审计单位只把普通地面的量增加了，金刚砂地面是一个总面积减去普通面积的公式。这样地下室总面积没变，金刚砂地面面积变小了，整体上还亏了一点。

除了平时计算检查，还要注意最后提交结果的检查。有一次，结算快提交二审的时候还没弄完，我们和审计单位一直加班到半夜，结果交上去以后，发现好多数据没有更新，造成了不小的麻烦。

9）Excel表中复杂公式的输入必须小心。看看有没有单元格位置不对的，看看拉的公式有没有和心中想的不一样的。

10）结算书的格式要美观，所有的小数点数位要一致。

11）对量前先了解对方工程量，避免负差。和分包单位对量时，先让分包单位把资料发过来，自己先看一下。不要分包单位一过来就对量，万一自己的比分包的还多就比较尴尬。

和审计单位对量时，可以先给他们一个高的数，然后问"怎么差这么多，要不你把底稿发给我，我回去对一下"，这样寻找可以增加量差的地方。我刚开始和审计单位对量时，审计单位的量比我还多，结果那位审计员还对比着我们两个人的计算书修改，最后还把我的量审减了。知己知彼，百战不殆。

12）和对量人员搞好关系。和分包、审计对量，毕竟是人和人之间的事情。要让对方感到尊重。对量人员往往把审减看成损失，而人是极端厌恶损失的。因此，对量前要准备好相应的计算书，例如和审计对量，想方设法把量提高一些，让审计单位有审减的空间。这样审减之后自己不吃亏，对方也因为有审减而觉得自己工作有意义了。

有一次，时间紧迫，我带着自己没有修改过的计算书去找审计，审计找不出可以减的地方，于是在一些地方争议了起来。我一点不能让步，因为再减就比分包的量还少了。争了一下午，最后那位审计员说好吧，按你的来，可是最后上交二审的资料全是他自己的。我想，如果当时多说几句好话，多让对方满意一些，也许情况就能改善一些吧。

和分包单位对量，要注意自己的计算书的量故意调低一些，这样对的过程中对方觉得自己有所收获。自己也可以以此为由要求对方相应做一些让步，皆大欢喜。

别忘了大脑中记住自己的底线，不要让步突破了限度。

13）和商务经理保持沟通。结算涉及钱，因此，平时要多汇报，和商务经理之间保持透明，商务经理是自己工作的支持者和指导者。

14）不要有感性的烦恼。预算员工作和钱有关，因此难免有压力和烦恼。要注意避免消极的烦恼，例如工作中发现了失误，而且由于时间限制，已经改不了，这种情况，不要憋在心里自责，要找商务经理汇报。

既要相信前提和过程正确，结论一定正确，来培养自己的自信心，放手去做；也要明白，人都会犯错误。犯错误不可怕，可怕的是没有汲取教训，重复犯错误。

Q92 怎样数模壳数量

地下室主体结构施工时，需要知道顶板用的模壳数量，用来提物资计划、算混凝土方量、安排施工。但是一个地下室一般都有几万个模壳，还分不同型号，数起来非常麻烦。本小节总结了一些数模壳数量的方法，特别是详细介绍了利用 Auto CAD 软件快速统计模壳数量的方法。

方法一：人工数。要点是要分区数，不要一次数太大的面积，容易数乱了。

方法二：使用广联达模壳专门软件，缺点是软件太贵了，还需要建模。

方法三：使用广联达 CAD 快速看图软件数模壳（需要成为 VIP 会员）。

（1）选择图形识别功能　点击菜单栏"图形识别"——"图形识别"。

（2）选取模壳　按住鼠标左键，框选其中一个模壳。选择完毕后，点右键确定。

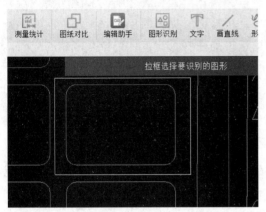

给识别出来的图形命名，然后点击"开始识别"。

（3）统计数量　点击"开始识别"后，软件就会返回列表，可以看到 950×600 的模壳有 1592 个。已经识别的模壳，颜色会变成红色，方便接着识别其他型号模壳。

使用 CAD 快速看图软件，优点是操作方便、快速，可以分区域查找。缺点是该功能 VIP 会员才能用，需要充值。虽说时间就是金钱，但是有的施工员觉得不好报销，可能不会去买会员功能。

方法四：使用 Auto CAD 统计。

1）打开快速选择功能。用 CAD 打开图样后，命令栏输入"properties"，回车，打开属性对话框。

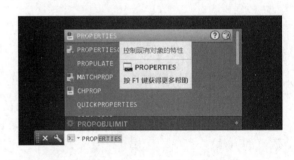

依次调整快速选择条件。

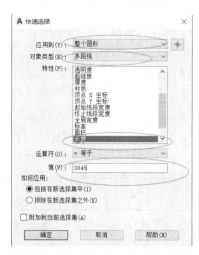

2）选择一种模壳，记录下这个模壳的周长。下图中，属性对话框，几何图形，长度那一行，显示我们选择的模壳图形周长是3845。

回车确定后，就可以看到这种类型的模壳数量了。

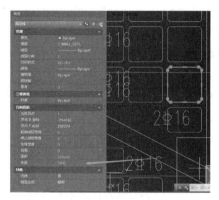

3）快速选择同类型的模壳。点击属性对话框右上角"快速选择"命令。

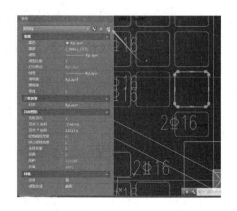

建议将已经选择好的模壳，用"移动"命令，挪到别的地方，然后继续数剩下的其他型号模壳数量。

本小节介绍了数模壳的方法，但这些方法不局限于数膜壳使用。融会贯通后，可以用于快速确定图样中某种图元的数量，提高工作效率。

Q93 金属工程结算要点

住宅项目一般没有配备专门的钢结构算量软件，金属工程的算量主要靠手算。有的预算员会感觉金属工程比较复杂，难以下手。本小节总结了住宅工程中雨棚、楼梯护手、钢结构楼梯等金属工程的算量方法。

金属工程的算量要点是分解，把复杂的构件不断分解，直到成为规则的方便计算的几何体。例如，对于楼梯扶手，可以分解为底层、标准层、顶层三部分。每一部分，可以分解为弯头和梯段。梯段中的钢管可以按照直径的不同分解，最后——计算，综合出结果。

屋面的钢结构楼梯，可以分解为梁、板、扶手。梁按位置不同分解、编号。板分解成平台板和踏步面板。雨棚分解为梁、柱，梁分解为主梁、次梁，柱分解为结构柱、装饰柱，然后——计算体积、表面积等数据。

总之，对于金属工程，手算时要应用分解法。把复杂的构件分解成简单的构件，然后进行计算。

另外，在楼梯扶手计算中，要注意两个梯段之间的弯头的计算。弯头有三个长度：现场实测长度、建筑平面图测量长度、楼梯图集计算长度。一般是按图集计算的弯头长度最大，在平面图上量的尺寸最小。

例如，踏步高度119mm，宽度260mm，按图集所示，平面图上东西方向的弯头长度等于 $G/\cos\theta=1.1G=0.286m$，而建筑详图上直接量的话，只有0.12m。相差了0.146m。

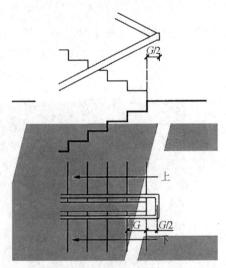

由于弯头数量很多，量差还是很大的。一栋30层、有4个楼梯的楼，楼梯扶手的接头大约有 $30\times4\times2=240$ 个，如果每个弯头差0.15m的话，最后就差36m。因此，弯头结算时要选择合适的计算依据。

Q94 怎样快速处理超限供

商务结算时，需要给队伍办理超限供，看看队伍领用的材料是否超过一定范围。由于现场施工队伍多，材料种类多，材料用的范围广，导致要花很多时间统计每个队伍用了多少材料。而且一旦物资统计表有更新，整个超限供需要重新做，非常麻烦。本小节介绍一下利用数据透视表快速处理物资超限供问题。

本小节用的例子是项目外墙漆领用情况。从物资部门那里得到的材料领用表中，每行数据是按照材料规格、使用部位列出的。有个队伍施工1、2号楼主楼，我们需要知道1、2号楼每种材料使用量。

序	物资名称	规格型号	单位	数量	备注
2	亚士ACS-C型真石漆	26kg/桶 HEM2336-粗	桶	40	2号楼
3	亚士ACS-C型真石漆	26kg/桶 HEM2336-粗	桶	50	4号楼
4	亚士ACS-C型真石漆	26kg/桶 HEM2336-粗	桶	50	5号楼
5	亚士净洁弹性外墙涂料-薄质	24kg/桶 HDP3400-Q	桶	9	1号楼
6	亚士净洁弹性外墙涂料-薄质	24kg/桶 HEM2733-Q	桶	140	1号楼
7	亚士净洁弹性外墙涂料-薄质	24kg/桶 HDP3400-Q	桶	9	2号楼
8	亚士ACS-C型真石漆	26kg/桶 HEM2733-Q	桶	140	2号楼
9	亚士ACS-C型真石漆	26kg/桶 HEM2733-Q	桶	200	4号楼
10	亚士ACS-C型真石漆	26kg/桶 HEM2733-Q	桶	200	5号楼
11	亚士ACS-C型真石漆	26kg/桶 HEM2333-Q	桶	132	网点
12	亚士ACS-C型真石漆	26kg/桶 HEM2336-粗	桶	600	网点
13	亚士净洁弹性外墙涂料-薄质	24kg/桶 HDP3400-Q	桶	2	10号楼
14	亚士ACS-C型真石漆	26kg/桶 HEM2333-Q	桶	120	10号楼
15	亚士净洁弹性外墙涂料-薄质	24kg/桶 HDP3400-Q	桶	2	7号楼
16	亚士ACS-C型真石漆	26kg/桶 HEM2733-Q	桶	120	7号楼
17	亚士净洁弹性外墙涂料-薄质	24kg/桶 HDP3400-Q	桶	2	8号楼
18	亚士ACS-C型真石漆	26kg/桶 HEM2333-Q	桶	100	8号楼
19	亚士净洁弹性外墙涂料-薄质	24kg/桶 HDP3400-Q	桶	2	6号楼
20	亚士ACS-C型真石漆	26kg/桶 HEM2333-Q	桶	120	6号楼
21	亚士净洁弹性外墙涂料-薄质	24kg/桶 HDP3400-Q	桶	27	4号楼
22	亚士ACS-C型真石漆	26kg/桶 HEM2336-粗	桶	50	4号楼
23	亚士净洁弹性外墙涂料-薄质	24kg/桶 HDP3400-Q	桶	27	5号楼
24	亚士ACS-C型真石漆	26kg/桶 HEM2336-粗	桶	50	5号楼
25	亚士砂壁状涂料专用腻子	25kg/包	包	750	1号楼
26	亚士AC罩面涂料-哑光	18kg/桶	桶	70	1号楼
27	亚士砂壁状涂料专用腻子	25kg/包	包	750	2号楼
28	亚士AC罩面涂料-哑光	18kg/桶	桶	70	2号楼

传统方法是用 Excel 筛选功能。筛选出部位是 1、2 号楼的材料。然后把数据复制出来，用排序功能将不同材料按类别放在一起，或者接着二次筛选。新建一个表，统计筛选出来的每种材料用量。这种方法比较烦琐，耗时多，每个队伍都要来一遍。而且源数据一旦有变更，整个工作要从头开始。

例如传统方法统计 1、2 号楼"第 Ⅱ 代砂壁状涂料罩面漆"的领用量，需要将"备注"和"物资名称"都筛选一下。筛选完后，选中符合条件的"数量"，看看一共多少，记录到新表中。

不同的队伍要筛选不同的楼，每个队伍还要按照物资类别全部筛选一遍。有的队伍还是按时间分阶段结算的，可见用传统方法工作量很大。

序	物资名称	规格型号	单位	数量	单价	金额	备注
80	第II代砂壁状涂料罩面漆	15kg/桶	桶	9	275.26	2477.34	1号楼
87	第II代砂壁状涂料罩面漆	15kg/桶	桶	9	275.26	2477.34	2号楼
148	第II代砂壁状涂料罩面漆	15kg/桶	桶	7	275.26	1926.82	1号楼
154	第II代砂壁状涂料罩面漆	15kg/桶	桶	7	275.26	1926.82	2号楼

下面介绍利用数据透视表处理材料超限供：

第一步：新建数据透视表。

从标题开始，选中整个表格。

序	物资名称	规格型号	单位	数量	备注
308	亚士ACS-C型真石漆	26kg/桶 HEM2333-Q	桶	73	10号楼
309	亚士ACS-C型真石漆	26kg/桶 HEM2333-Q	桶	76	11号楼
310	亚士ACS-C型真石漆	26kg/桶 HEM2333-Q	桶	55	12号楼
311	亚士ACS-C型真石漆	26kg/桶 HEM2333-Q	桶	70	13号楼
312	亚士ACS-C型真石漆	26kg/桶 HEM2333-Q	桶	90	14号楼
313	亚士ACS-C型真石漆	26kg/桶 HEM2333-Q	桶	90	15号楼
314	亚士ACS-C型真石漆	26kg/桶 HEM2333-Q	桶	55	16号楼
315	亚士ACS-C型真石漆	26kg/桶 HEM2333-Q	桶	76	17号楼
316	亚士ACS-C型真石漆	26kg/桶 HEM2333-Q	桶	77	18号楼
317	亚士ACS-C型真石漆	26kg/桶 HEM2333-Q	桶	55	19号楼
318	亚士ACS-C型真石漆	26kg/桶 HEM2333-Q	桶	90	20号楼
319	亚士ACS-C型真石漆	26kg/桶 HEM2333-Q	桶	130	21号楼

第二步：插入数据透视表。

点击"插入"→"数据透视图"→"确定"。

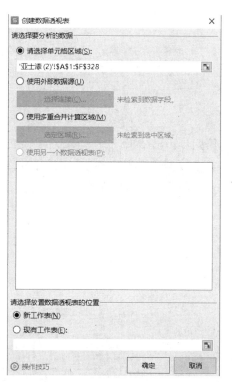

第三步：设置数据透视表字段。

我们的目标是将某些楼号的材料按规格合计使用量。所以楼号信息"备注"是筛选器，结果是"数量"的合计，"物资名称"和"材料规格"是分组条件。将这几个字段从上到下拖到对应区域。

不需要分类汇总时，可以选择表格中的一个单元格，右键，取消掉分类汇总选项。

得出非常简洁优美的表格。

	A	C
1	备注	(多项)
2		
3	求和项:数量	
4	物资名称	规格型号	汇总
5	□第II代砂壁状涂料罩面漆	15kg/桶	32
6	□亚士ACS-C型真石漆	26kg/桶 HEM2336-粗	880
7		26kg/桶 HEM2733-Q	4642
8	□亚士AC罩面涂料-哑光	18kg/桶	204
9	□亚士净洁弹性外墙涂料-薄质	24kg/桶 HDP3400-Q	38
10	□亚士净洁抗碱底漆	18kg/桶	8
11	□亚士柔性质感涂料	26kg/桶 HID0829-Q(NRG06-02)	336
12	□亚士砂壁状涂料专用腻子	25kg/包	2680
13	□亚士有色专用底漆	21kg/桶 黑色	202
14	总计		9022

当源数据有问题时，刷新一下表格就行，不用重新做一遍。例如，原表中第一行数

第四步：出结果。

点击数据透视表"备注"右侧的选择按钮，选择需要的楼号。在本例中，选择1、2号楼。

点击"确定"后，就可以看到1、2号楼材料使用情况。

据写错了，是 400 不是 40。

在原表中改好数据后，回到数据透视表，选择表里一个单元格，右键，刷新就行。

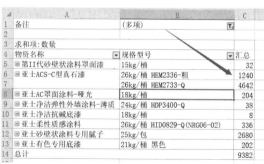

统计其他队伍材料超限供时，只要调整筛选器就行。例如有个队伍施工 3、8、9 号楼，那么筛选器选择 3、8、9 号楼。

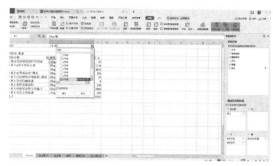

点击"确定"，就可以得出 3、8、9 号楼的结果。

	A	B	C
1	备注	(多项)	
2			
3	求和项：数量		
4	物资名称	规格型号	汇总
5	第II代砂壁状涂料罩面漆	15kg/桶	16
6	亚士ACS-C型真石漆	26kg/桶 HEM2333-Q	1336
7		26kg/桶 HEM2336-粗	477
8		26kg/桶 HEM2733-Q	1981
9	亚士AC罩面涂料-哑光	18kg/桶	82
10	亚士单组份外墙腻子	25kg/包	172
11	亚士净洁弹性外墙涂料-薄质	24kg/桶 HDP3400-Q	39
12	亚士净洁抗碱底漆	18kg/桶	21
13	亚士柔性质感涂料	26kg/桶 HID0829-Q(NRG06-02)	251
14	亚士砂壁状涂料专用腻子	25kg/包	1958
15	亚士有色专用底漆	21kg/桶 黑色	156
16	总计		6489

使用数据透视表处理物资超限供，非常快速，准确。数据透视表是商务、物资工作人员的好帮手，能帮助节约大量的时间、精力。

Q95 Photoshop基本操作

项目上经常需要对一些图片进行处理，这离不开 Photoshop 软件。对于工程上的人来说，使用 Photoshop 的主要思路是从一张图片中选取出一部分图形，粘贴到另外一张，让合成的照片看上去"不那么假"。因此，需要重点掌握 Photoshop 抠图、选区有关的操作。

1. 抠图

快速选择工具可以选择色彩相似的区域。使用时，调整工具的选择模式，可以增减选区。

使用钢笔可以精确抠图。在路径模式下，画出主体物的大致轮廓，然后使用"直接选择工具""转换点工具"等对路径进行调整，调整完成后转换为选区。

通道抠图适用于边缘比较复杂的情况。原理是在各个通道里面选择主体物和环境色差最大的通道，通过调整曲线，增加黑场、白场，使主体和环境边缘色彩差异对比更加明显。使用画笔工具，主体内部要保留的地方涂黑，环境不需要保留的地方涂白。然后点击"将通道作为选区载入"，创建选区。

2. 通道的原理

通道表示 R、G、B 三种颜色占的比例。在红色通道中，把白色部分调亮，整个画面就会变得更加红。

3. 选区操作

可以通过存储选区方便下次使用。

可以通过"调整边缘"命令调整选区。

4. 工具的使用

"裁剪"命令可以在工具属性中设置宽度和高度的比例。

画笔面板中可以设置画笔的细节。

使用修复画笔工具时，画笔大小调节为和瑕疵一样。

5. 批量处理文件

单击"窗口"→"动作"，打开动作面板，单击"新建动作"，可以录制动作。

单击"文件"→"自动"→"批处理"，选择相应的动作，可以快速处理一大批文件。

6. 快捷键

缩放图片显示大小——Alt+ 滚轮滑动；

平移画面——空格键 + 移动鼠标左键；

合并图层——缩放 Ctrl+E；

调出标尺——缩放 Ctrl+R，按住标尺拖动到图中新建标尺；

取消选取——缩放 Ctrl+D，绘制路径完成后转化为选区；

放大和缩小画笔——大写状态下，"［""］"键。

224

Q96 怎样制作签名水印

有些资料中需要插入签名，如何制作签名水印呢？

第一步：签字拍照，发送到计算机上。

第二步：用 Photoshop 打开照片。

第三步："选择"–"色彩范围"点取签名上的黑色。调整"颜色容差"，使预览图中的黑白对比最明显。

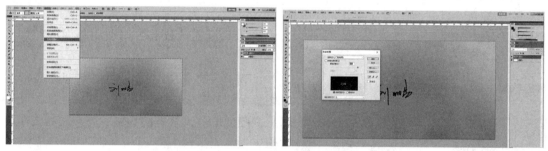

第四步："选择"–"调整边缘"，将对比度调整至 100%。

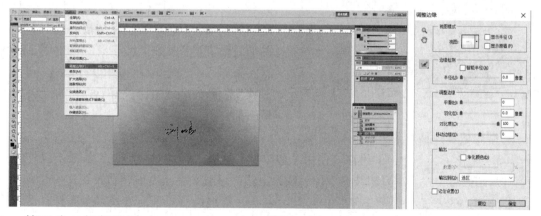

第五步：复制选区（Ctrl C、Ctrl V），删除原来签名的图层，将文件另存为 jpg 或 PNG 格式。

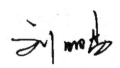

Q97 住宅项目装修后开裂问题的维修要点

住宅装修后开裂的问题，对总包单位来说非常棘手。首先总包单位一般自己没有能干精装的工人，其次总包单位管理人员对室内后期装修的施工方法、材料价格等不熟悉。本小节总结了住宅项目装修后开裂的原因、预防措施、维修步骤和维修过程费用控制措施，可供参考。

1. 装修后裂缝问题的责任判定

装修后顶棚开裂的，责任单位为主体单位。墙面开裂的，首先确定墙面是否出现空鼓，若出现空鼓，是抹灰单位的原因。没有空鼓时，观察开裂的墙，是否在另外一侧的对称部位也出现了开裂。如果是，那么开裂的原因在于加气块墙体开裂，属于砌筑单位的责任；如果不是，则抹灰单位为责任单位。分包队伍不承认责任时，可以带他们到现场，刮开开裂位置的腻子或抹灰层给他们看。

2. 裂缝的维修方法

对于抹灰空鼓引起的裂缝，首先要维修空鼓。维修空鼓要特别注意质量。有时由于维修师傅图快，会省略甩浆的工序，造成以后又空鼓。恢复抹灰层可以使用罩面或粘接砂浆，提高可靠度。

刷漆

对于其他原因引起的开裂，先将约 8cm 宽裂缝两侧范围表层腻子剔除，然后在抹灰基层上刷胶，贴上 5cm 宽防裂网。防裂网和胶在装修店里都能买到。

裂缝处理好后，刷墙固处理基层，然后刮石膏找平，再刮2遍腻子。腻子打磨后上涂料。对于没有颜色的墙，涂料按照说明书要求兑水后用滚子直接刷。对于有颜色的墙，涂料需要添加色浆。先试刷，颜色一致后涂刷。为了减少色差，和业主协商好后，将有裂缝的墙整面都刷。

3. 维修成本控制方法

（1）人比三家　空鼓的维修应使用总包单位的抹灰工人。对于空鼓重新抹灰以外的工序，宜从装修单位找人维修。装修单位的联系方式，一般在小区内很容易找到。

装修师傅的工资水平，一般在 300~400 元/天。裂缝维修过程，涉及很多等材料变干的不可避免的等待时间。因此，装修师傅愿意用总价合同的形式，即查看现场后定一个价格，把活包给他们，这样等待的时间可以干其他活。在同一个小区干活的师傅，一般都会很乐意帮忙维修。

对维修工程量比较大的住户，应该多请些装修师傅查看现场，询问他们的施工方法和价格。在维修方法差不多的情况下，选择报价最低的师傅。

由于装修师傅一般要求用多少钱包给他们。因此对房间内的问题，要一次性检查彻底，避免维修过程中发现新问题，导致装修师傅要求涨价。

（2）材料自购　维修装修工程的材料，最好由总包单位自购，一方面可以避免装修师傅利用总包单位管理人员对材料用量、价格不熟悉抬高价格；另一方面每次维修剩下的材料可以留着以后用。

维修裂缝需要的材料的各项特性指标见下表：

序号	名称	规格	单价	消耗量指标
1	墙固	18 kg	80~200 元	10~20m^2/kg（两遍）
2	石膏	20kg	20~80 元	2kg/m^2（一遍）
3	腻子	20kg	20~40 元	1.5kg/m^2（两遍）
4	网格带	5cm 宽	6~10 元	等于裂缝长度
5	涂料	15L	200~1200 元	60m^2（两遍）
6	色浆	5~10ml	3~8 元	根据颜色深浅定，一般 10ml 一户都够用了

价格变动范围最大的是涂料，在 200~1200 元之间。因此要和业主确认好他们装修用的涂料的品牌。维修完剩余的涂料要好好保存，留到其他用户使用。

（3）组合维修　维修有固定费用和可变费用。装修师傅来一次就要多少钱，这是固定费用。因此，每次装修师傅来时，一次性让他多修几户，将固定成本摊销在多个要维修的住户之间，减少总成本。

4. 裂缝的预防措施

通过提升维修的管理手段，可以减少总维修费用。但是维修花费毕竟属于费用，不会创造利润。只有从源头预防后期开裂，才能达到业主和施工单位的双赢。

因此，要加强施工过程的质量控制，防止后期出现开裂。对于顶板，浇筑前要注意钢筋保护层厚度，浇筑时要注意混凝土质量。对于抹灰，要控制好甩浆质量，要提前湿润基层，分层抹灰。对不同材料交界处、施工洞周围，要订好钢丝网。

第 5 章
─┤ 个人管理技术要点 ├─

本章探讨了和施工员息息相关的职业资格考试准备、升职加薪、压力应对等话题。最后介绍了"掌握分析和实事求是的工作方法"，希望能激发读者学哲学用哲学的兴趣。

Q98 怎样通过执业资格考试

我第一次参加一建考试的时候，采用和大多数人一样的准备方法：买书之后每天看视频学习。刚开始坚持了几天，然后就没有继续了，想着离考试还有半年，不着急。于是一直拖着，越拖越不想开始。最后还剩两个月了，终于开始学习了，又觉得时间不够用了，看了几天视频又停下来了。最后几乎是毫无准备地去参加了考试，成绩没有通过。

第二年我打算好好学习，早点准备。但是工作实在太忙了，我要负责老项目的维修，新项目的试验工作，还有配合总工写方案，几乎是一个人干两三个人的活，很长一段时间都是早上 6 点左右就到办公室干活。因此快到考试了，也没有多少准备。

沉迷学习
日渐消瘦

临阵磨枪，不快也光。我买了这几年的真题，直接开始做。做完成绩都不及格，我就开始背答案。背完一套试卷接着做下一套试卷，做完再背，这样做了 4 套卷子，考试前的晚上还把这 4 套卷子都过一遍。

本来这次准备时间只有两个星期，我对通过考试是没有报太多期望的，但是结果是通过了。

为什么好多人把视频看完了都没有通过，而我只做了几套卷子就通过了呢？

首先是看视频学习其实效率很低。好多人都是在一边玩手机一边看视频，仿佛视频播完自己就掌握知识点了。当然，这也不能怪自己自制力不行，而是视频实在是太无聊了。讲课的老师基本是把书上的内容读一遍，他们的课件上都是一大片书上照抄的文字。我们看视频其实和看电视没有区别，信息在大脑中过了一遍就被遗忘了，整个过程中大脑没有开动。

做题目则不然。我们做题的过程中，整个人是主动的，大脑在高速运转，因此做过的题心里都能留下印象。做了题之后再看书，因为知道哪些地方要考，哪些地方不考，所以看书的时候能找到重点。另外，出题的范围是固定的，背近几年的卷子，心中就有了数，及格完全没有问题。

　　我们参加一建考试，结合实际学习，通过学习提高自己能力，这是最好的备考态度。但是如果工作实在太忙，时间很紧张，那么只把通过考试作为目标也无可厚非。

　　既然只追求及格，不追求很高的成绩，那就可以采用高效的方法。先做真题，明确考点，然后翻书理解，接着背题目，这样心中准备几套题目，最后及格完全没有问题。

 应试小技巧

> ### 不看视频，多做题
> 　　我们参加执业资格考试，能够及格就行了。最快的方法是先看几套试卷，背答案，再有重点地看书。

Q99 施工员怎样管理压力

　　施工员真是一个压力很大的职业。工作时间很长，每天6、7点左右就开始不断地接电话，晚上8、9点还要开会。工作强度也大，遇到的大多是各种不好解决的问题，有时碰到不讲理的分包简直让人要气出血来。而且能让施工员恢复精力的假期也很少，好不容易有个假期，往往是电话不停，变成在家办公。因此，施工员身上压力很大，管理好自己的压力非常重要。

　　不正确的方法是逃避压力。逃避压力，压力越攒越多，最后还是要面对。有的施工员通过抽烟、吃零食、打游戏等缓解压力，这些行为最终会产生更大的压力。

　　面对压力，要通过树立价值观、更高的目标或者与他人的联系，找到意义感。比如告诉自己，我的工作是为了建造美好的房子，是为了他人的幸福生活。或者说自己工作是为了工资，有了工资可以照顾自己的家人。这样一想，也就能忍受工作的压力了。

通过运动克服压力，图右侧为王宇女士

　　所谓压力，就是自己关心的事物受到威胁的时候自己的感受。因此，有压力的时候，要问问为什么这件事情让自己有压力。比如有个利益冲突问题要和分包单位谈，但是自己感觉压力很大，不敢去谈。那么可以想一想，自己不敢去谈，是害怕提了这件事情以后伤害双方的关系。可是如果一直不谈，最后伤害更大。这样想的话，就有动力去谈了。

　　面对压力，还要有成长型思维，化压力为动力，看到自己的资源，选择挑战困难。不要把自己的能力看成不变的，要相信通过克服眼前这个困难，自己的能力能够得到提升。要看到自己不仅有身体、思维、情绪、意志、金钱的资源，还有他人支持的资源。把眼前的困难当作学习的机会，事物发展总是螺旋上升的，因此错误、挫折在所难免，把坏事变成好事需要条件，这个条件就是自己的思维方式。

下面说一下施工员工作生活中常见压力的具体应对方法。

1. 拖延导致的压力

方法一，10min法。和自己约定好先干10min，10min后怎么样不管。这样干了10min后，往往就停不下来继续干了。我们拖延的原因，是心里害怕干这件事情有困难。开始干了之后，发现不过如此，也就能继续下去了。许多施工员不喜欢做资料，但是快到检查了，往往能通宵做资料，而且做的时候还很有成就感。平时不做资料，就是因为心里觉得做资料是个麻烦的事情。

方法二，干别的事情法。既然有一件事情不愿意干，那就以之为动力，去干别的事情。比如不想做工程资料，那就让自己去办签证。干劲这个东西，等不来，只能干出来。

方法三，无条件相信自己法。拖延深处的原因是不相信自己能干成，只要自己不开始干，那么最后就是自己不想干，而不是没能力干了。所以要调整心态，无条件相信自己，这样事情顺利的时候会觉得本该如此，不顺利的时候，那都是暂时的。"说你行，你就行，不行也行"。

2. 焦虑导致的压力

方法一，做正确事情法。如果不知道自己的目标是什么，生活自然一团糟。因此，去制定目标，去做能达成目标的事情。比如，别人的工资比自己高带来焦虑，那就去学习、去兼职，去想办法提高自己的工资。总之，行动起来。

方法二，练习心态法。全情投入过程中，不要总是关注目标。一直关注目标，我们就会带入情绪，产生挫败感。就像游泳到对岸，如果一直看着对岸，想着怎么还没到啊，会把整个人弄得精疲力竭。正确的方法是关注自己的每一次划水动作，偶尔看一下目标校正方向。发现自己有情绪带入的时候，问问自己是不是又偏离过程了。

3. 人际关系带来的压力

如果是因为攀比、妒忌产生的压力，一方面告诉自己采用富足的心态，有个厉害的朋友不是更好么。另一方面去找到自己的目标，去投入到行动上。

如果是因为要和对方谈涉及利益冲突的问题而产生的压力，那就要通过学习说话方法来化解。最基本的技巧是"陈述事实+说出看法+征询观点"，就是和对方说话的时候，从客观事实的陈述开始，这样自己容易开口，对方也方便接受。

4. 工作倦怠带来的压力

英语中有"Burnout"一词，形容在工作中什么都不想做，整个人肌肉紧绷却浑身没劲，累得不行的状态，就像烧光了的蜡烛一样，一点能量也没有了。面对这种情况，要好好休息身体和大脑。一直玩手机不是休

整理头发的仓木麻衣女士

息，只会让自己感觉更累。要通过慢跑、瑜伽、正念冥想、好好睡觉等去放松。

压力人人都有，有时候我们觉得只有自己有压力，那是因为我们很少看见别人的压力。仓木麻衣说她现在每次演唱会之前也都压力很大，自己感受到压力的时候，就会想到支持自己的歌迷，于是更加认真地去准备演唱会。而且，演唱会一开始，她就全情投入，感受不到压力了。我想，仓木麻衣这种应对压力的方法值得我们学习。

Q100 施工员怎样争取升职加薪

1. 施工员为什么不能"混日子"

施工员应该主动争取升职加薪，原因如下：

（1）施工员时薪太低了　施工员工资一个月 9000 元左右，看上去挺高的，但是换算成每小时工资就很低了。假设施工员早上 7 点开始接电话，晚上 7 点安排完工作，一个月休息 2 天。那么每小时工资 =9000/（28×12）=26.78 元。现在大学生做家教的工资我不清楚，但是我开始上大学的 2010 年，已经是 50 元每小时了。也就是说在工地每天这么累，挣钱的能力其实还不如高中毕业去当家教。当然，当家教不可能一天上这么多小时班。这里主要是要说明，施工员的工资看上去还行，是因为劳动时间太长了，长期这样下去不行。

（2）长期干施工员是对才能的浪费　当施工员确实能学到很多东西。但是毕竟工地对施工员能力的要求不高，在以前，施工员都是中学毕业生干的。回想一下，是不是工作半年以后基本都轻车熟路了。上了这么多年学，如果一直干施工员，真是对自己才能的浪费。就像一台出厂配置很高的计算机，却一直只让它运行扫雷游戏。

（3）干施工员有巨大的机会成本　你干了一件事情，就不能干另外一件事情，这两件事情之间的价值差就是机会成本。施工员将大量的时间花在工地上，这些时间本来可以去健身、谈恋爱、学习、娱乐、搞副业，这样看上去施工员的工资更加不高了。

（4）现实问题　比自己年纪还轻的人当上副职后，两者之间关系就比较尴尬了。你称呼副职为某某总，他称呼你为某某哥，两个人都不舒服。另外，家庭方面，大学里没有对象的施工员，一般在工地很难找到对象。即使相亲后结了婚，婚后也是两地分居，工资又显得不够了。

综上，施工员应该想方设法升职加薪，不能一直干施工员。

2. 施工员怎样争取升职加薪

那么，怎么样才能升职加薪呢？我们观察项目部员工升职的过程，一般是公司新开项目后，副职人手不足时，公司领导询问各项目经理，让项目经理推荐合适的人。项目经理会推荐他知道的觉得能力合适的人。

有人也许会说，我知道了，我注意平时提高自己能力就行了。这种想法不完全正确，真正的要点有两个，一是让项目经理知道你有能力。我们古代的神医扁鹊说，他们家医术最高的是他哥哥，因为他哥哥善于在病很小时就把病解决了，结果名气不大。工地上也是这样，一个施工员管的地方没什么事情，领导觉得理所当然。出了问题，有人解决了问题，领导就觉得这个人能力高。

成功升职加薪的生产经理潘总

第二个要点在于，你有的能力要是项目经理觉得重要的能力。比如你会微积分，但是项目经理肯定不会因为你会微积分就推荐你当副职。

那么，怎么让项目经理知道自己有能力呢？毕竟，施工员平时接触项目经理的机会，也就是签物资计划了。我们需要想一下，项目经理是怎么了解底下的员工的，渠道一般是工作微信群、现场检查、咨询副职人员、施工员自己的反馈。因此，可以从这几个渠道入手。

（1）微信群 在有项目经理的微信群里面多发问题、指令，项目经理会觉得你一直在干活。有的施工员喜欢自己建一个小群，或是有问题单发队伍。但是站在项目经理的角度，就觉得没有你的消息，不知道你一天到晚在干什么。

（2）现场检查 现场要留下自己的管理痕迹，比如电梯口贴一下上下班时间，司机联系电话。楼里面贴一下交底复印件，脚手架上拉结点位置挂一个标签等。检查前提前把楼里垃圾扫一下。项目经理一看楼里面没什么垃圾，还有些管理人员贴的管理痕迹，就会觉得你能力不错了。

（3）咨询副职人员 项目经理会通过咨询副职人员了解施工员情况。同时，有些队伍负责人和项目经理交流时，也会反映施工员的工作情况，因此，要和副职人员、队伍负责人搞好关系。

（4）施工员自己的反馈 平时队伍人不够了，现场有什么解决不了的问题，给项目经理汇报一下。项目经理会觉得你非常负责任。反馈的过程，同时也拉近了你和项目经理的联系，这种"近距离感"非常重要。

让项目经理知道自己能力的方式知道了，那么项目经理看重哪些能力呢？

一是项目经理普遍觉得重要的能力。包括积极解决问题、和队伍沟通的能力。有问题的时候不要藏着，压在自己手上，因为工地上问题总是有的。要暴露出来，去解决问题，让项目经理看到你"在向前冲"。面对队伍，要多沟通，既不能关系闹得太僵，也不能降低要求，听之任之。

二是项目经理各自觉得重要的能力。每

"走向人生巅峰"的安全总监许总

个项目经理个性不同，关注点也不一样。施工员可以观察项目经理有哪些性格、能力。主动去模仿，增加自己和项目经理的相似性，因为人总喜欢和自己相似的人。比如有的项目经理喜欢大声打电话，自己在现场就可以大声一点。

3. 克服妨碍升职加薪的想法

有的施工员有一些不合适的想法，妨碍了自己升职加薪。

1）"我要坚持自我"。有这种想法的人觉得要保持真我，自己不喜欢大声说话，在工地上也不能大声说话。自己是个有原则的人，所以一点妥协也不行。自己不喜欢酒肉朋友，所以不去参加喝酒的场合。

要克服这种想法，我们要把自己的性格当作一项帽子，根据场合的不同戴不一样的帽子。我们还是我们自己，只是帽子不一样了。我们可以根据环境选择自己的表现。

2）"我不屑于表现"。有这种想法的人觉得活干好最重要，不屑于宣传自己。当然，干好活很重要，但是酒香也怕巷子深，21 世纪的人都应该学会自我推销。内容重要，形式也重要。

3）"怕副职干不好，责任太大"。这种想法不对，没有人是能力达到了副职要求，然后被叫过去当副职的。虽然经常有人说要多观察副职在干什么，然后自己加强这些能力，再去当副职。实际上，你不去真的做副职的工作，就不可能掌握副职的要求。就像你只是看别人怎么游泳，是学不会游泳的。至于干副职的风险问题，要明白风险是不可能消除的，过马路也有被汽车撞的风险，我们不能因为有风险就不过马路。而且通过风险管理，是可以把风险控制住的。在工地上遵守规范，是不会出大问题的。

4）"我怕喝酒"。不喝酒的项目经理、项目副职也有，而且时代在发展，这样的人越来越多了。

4. 总结

施工员应该主动申请升职加薪，长期干施工员是对自己才能的巨大浪费。要让项目经理知道你有他觉得应该有的能力。平时微信群里面多发消息；有问题及时解决，不要放在自己手里；和副职、队伍负责人搞好关系；多发工作联系单、现场多贴东西，留下管理痕迹；多观察项目经理的性格，学习他解决问题的方式、多向他反馈，向他靠近（性格上和物理距离上），还可以自己创造机会。关注公司的动态，主动申请去偏远项目、主动参加公司选拔等。

另一方面，项目和公司晋升的阶梯已经很拥挤了，我身边的人升职的时候差不多都是三十岁以上了。因此要根据自己的实际情况选择职业发展方向，转行也是一个选择项。想转行的施工员，可以参考《能力陷阱》和《斯坦福大学人生设计课》这两本书。

Q101 掌握分析和实事求是的工作方法

本书内容涵盖了施工员工作的各个方面，但是"理论是灰色的，实践之树常青"。工作中难免会遇到新问题，但只要掌握分析问题的能力和实事求是的工作方法，就能克服各种挑战，增长自己的才干。

1. 分析的方法

（1）为什么要学会分析　事物是多维的，人的思维方式是一维的，所以人只有通过分析事物才能掌握事物。

我所在的项目部附近有一个花店，花店老板娘年轻漂亮、声音甜美、性格大方温柔。美貌、温柔、性格大方是老板娘的固有属性，老板娘同时拥有这些维度，但是为了介绍老板娘，我只能一个维度、一个维度来讲，不能同时展现出来。

老板娘店里的花，有颜色、气味、花瓣数量、形状等各种属性，人脑却只能一次一个把握这些属性。你可以想象花的颜色，接着想象花的气味。但是你不能同时想象出花的颜色和气味。我们想象自己嗅花的样子，似乎能同时感受到花的颜色和气味，但是仔细观察我们的思维，当我们关注气味的时候，花的颜色就变样了；我们关注颜色的时候，气味就被忽略了。大脑只是将注意力在花香和花的颜色之间快速切换，我们不能同时把握两个概念。

花店老板娘Emily和她包的花

最新科学研究发现人脑思考的时候有工作记忆，这个工作记忆容量是有限的。大脑更像是一个单线程的中央处理器，平时我们能处理多任务，只是因为注意力在不断地切换。我们面对复杂的问题，往往感觉束手无策，这是因为问题的容量太大，加载不到大脑有限的工作记忆里，解决的方法自然是对复杂问题进行分析，分解成一个个可以解决的小问题，再综合起来整体解决问题。

没事不要动脑
你看我的头发就知道了

客观事物的多维和人脑思考方式的一维之间的矛盾，必然要求人们面对问题和事物时，要将事物分解和解析，才能解决问题、了解事物。

分析过程是开动大脑的过程，开动大脑会消耗能量，人又总想节约能量，因此会觉得思考问题很痛苦。但是世界上有一个叫等价交换的原则，我们付出精力思考，会得到相应的回报。如果我们不思考，就会被问题支配。

（2）怎样进行分析　分析就是"分"+"析"。"分"就是分解，按照一定的标准，在问题或是事物的水平方向上进行划分，划分出彼此独立、综合起来没有遗漏又便于思考的各个部分。相当于把一个集合分解成不重不漏的几个部分。

比如施工员有一天会成为领导，就会遇到领导的工作是什么，怎样做好领导这个问题。古今中外关于领导问题的答案很多，感觉都有道理，但是又好像缺了些什么东西，原因就在于不同人表达的内容都只是领导职责的一部分。我们可以将领导的工作分解为处理人和处理事情。从另外一个维度分析，可以分解为处理团队内部和团队外部的事情。将这两个维度组合，就可以分解为团队内部的人、团队内部的事情、团队外部的人、团队外部的事情。这四个小部分，没有重复的部分，合起来也完全包括了领导的工作范围。从每个小部分出发，总结领导的工作，再把四个部分综合起来，我们就能得到领导的工作是什么了。

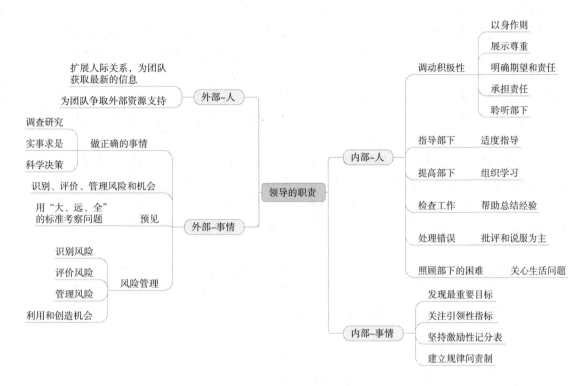

分析的"析"，就是解析。就是把问题或是事物往竖向、往深处去推，去寻找本质答案。一个经典的例子是 5why 分析法，对一个问题点连续以 5 个"为什么"来自问，以追究其根本原因。

解析的工作，除了深入认识，还要求审视推理过程的合理性、前提、范围和条件，看看理由能不能推出结论。比如长寿的人都有运动的习惯，说明运动有利于长寿，这个推理看上去很有道理。但是有没有可能是因为有条件运动的人，大多是比较有钱，有钱才能更好地照顾自己的身体，更加长寿。

总之，事物就像是冰山，我们看到的现象只是冰山一角。了解事物，就要把事物竖向方向分层，层与层之间建立联系；水平方向上分块，这些块不重不漏。将复杂问题分解成可以解决的小问题，边分析，边综合。

2. 实事求是的方法

（1）实事求是的含义　日常生活中的我们经常说"要实事求是"，是指做人要诚实。"这件事，你实事求是地说"这句话是要求别人不要夸张，不要说假话。

而新闻联播里经常出现的"实事求是"这个词，或者说哲学方法上的"实事求是"，是从现实中找到规律的意思。毛主席对实事求是有过精辟的论述，"实事"就是客观存在着的一切事物，"是"就是客观事物的内部联系，即规律性，"求"就是我们去研究。

实事求是要求我们通过调查研究，占有丰富的感性材料。然后对感性材料进行去粗存

精、去伪存真、由此及彼、由表及里地加工，上升出理性认识，然后用理性认识去指导实践，在实践的过程中修改理论，这样不断把认识深入下去。

（2）对"实事求是"的进一步思考　实事求是是非常好的工作方法。但是我在学习和使用的时候，产生了以下问题。

当实践过程中出现困难的时候，什么时候坚持，什么时候放弃？有一幅漫画叫做"贵在坚持"，画上一个矿工挖了很长的洞，明明只剩一点就能挖到宝石了，可是他却选择放弃掉头走了。就像那个矿工，我们在实践中碰到问题的时候，什么时候选择修正理论，什么时候选择继续实践呢？什么时候选择继续挖，什么时候选择换个地方挖呢？毕竟除了"贵在坚持"，古人还留下了"不要在一棵树上吊死"的教训。"具体问题、具体分析"这个答案不错，但是似乎没有指导力。

第二个问题是怎么样应对只能实践一次的情况。比如毕业之后，可以选择考研或是工作，选择了其一就不能选择其二；或是工作之后要不要换个单位，只能选择做或者不做，别人的经验也不管用，这种问题怎么解决呢？我还联想到小马过河的故事，马的体型在牛和老鼠之间，它能不能过河其实是不确定的。如果它去过河，河水又比它深，它不是实践一次就挂掉了吗？

第三个问题是有实事求是这样的好方法，为什么人还会犯错误？理论上来说，按照实事求是的办法来，就像投飞镖一样，第一只飞镖高了，第二只就总结经验投低一些，这样最后就能变成神投手，但是现实生活中不是这样子。

（3）人的理性和非理性因素的参与　为了解决以上问题，必须关注实践的主体，人。要注意到实践过程中人的理性和非理性因素的参与。

实践→理论→实践这个过程是受理性支配的。

首先是反映客观规律的理性，也就是从实践中抽象出理论的能力，以及应用理论指导实践的能力。很多人工作 20 年等于把 1 年的事情干 20 次，就是因为他们不会从工作中总结经验，提升自己的能力。另外，遇到问题的时候，有的人只会等、靠要，有的人则会去查书本、查网络，去分析思考，这也是理性能力不同的表现。

其次是反映主体内在需要的理性。一个人只有重视一件事情，才能做好一件事情。如果不重视，就会消极应付，很难要求他做到实事求是，找到事物的规律。另外，和反映客观规律的理性相比，反映主体内在需要的理性更加追求客体的应然性。如果我们使用实事求是的方法，只是为了找到客观规律，然后去适应客观规律，那么我们和动物没什么区别。要让反映主体内在需要的理性把必然性和应然性结合起来，把主观的能动性发挥出来。

最后是评价理性的参与。面对失败，有的人相信自己的能力是无限的、成长着的，因而可以把挫折当作进步的机会。而有的人则把挫折理解成环境的问题，或是自己不适合做这件事情，从而放弃。

在实践过程中，不仅有理性因素参与，还有人的非理性因素，即人的意志、情感、欲望、信仰等都对主体认识能力的发挥起着重要的控制作用。激情可以打破思维的平静，激发人的认识的潜能。意志可以调控情感，是面对复杂认识对象必不可少的力量。想象力往往给思维跳跃提供灵感，比如苯环结构的发现。

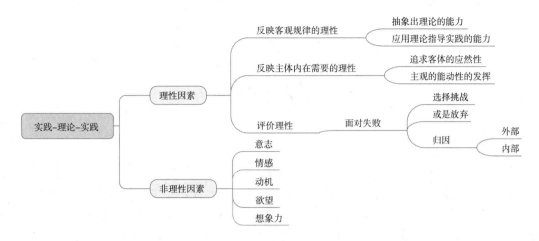

　　所谓"吸引力法则"和"心想事成"，原理也是因为人主观能动性的发挥。具体化目标实现的样子，能让大脑记住目标，从而改变自己的行为。比如每天起来想象自己很瘦，大脑意识到这一点，吃饭的时候潜意识会让自己吃少一点，或者想点外卖的时候理性会跳出来劝自己一下。想象自己很有钱的样子，能激发自己去探索外部和提高自己能力的欲望。比如找工作，想着自己要找月薪10万元的工作，就会进一步去想怎么样才能达到月薪10万元。如果不去想，潜意识里面是把自己固定在月薪只能1万的水平，这样就只会去找自己能做的工作。

　　"实事求是"是个很好的方法，我们要一切从实际出发，从调查研究出发，不要拍脑袋，要多实践，去求得认识规律。不要把"实事求是"放在书本上、库房里，而应该主动去使用这个方法。

　　方法的效果，和使用的人有很大的关系。我们要注意锻炼自己的各项能力，选择高尚的价值取向，让自己的理性和非理性因素能更加促进认识的深化。用稻盛和夫先生的话说，就是"提高心性，拓展经营"。

致　谢

　　我原以为一天写一个问题，3个月就能写完这本书了。结果为了写明白一个问题，需要查很多资料，还需要修改、润色、整理，最后花了7个多月才写完。

　　每当我因为写完这本书遥遥无期而精神不振的时候，我就会想到项目上辛苦的施工员，还会想到从前面对项目中的问题，不断上下求索的自己。我知道这本书能帮助施工员们提高工作效率，于是又打起了精神。

　　要特别感谢机械工业出版社薛俊高副社长，没有薛社长的大力支持，这本书不可能问世。薛社长公务繁忙，还在百忙之中阅读书稿，给本书的内容和形式提出了宝贵的建议。这些建议包括增加更多技术有关的内容、增加更多图片等，正是由于采用了薛社长的建议，这本书才变得更有指导性，也更加易于阅读。

　　感谢我的老乡胡雨晴女士，胡雨晴女士根据自己在检察院工作的经历出版了《小丸子从检记》这本书，这让我产生了写一本和施工员工作有关的书的想法。

　　感谢我的体育老师伍凯特，跟着伍老师养成了每天锻炼的习惯，让我有精力去写这本书。

　　感谢我的父母对我从小到大巨大的付出。参加工作这几年，每年都是只有春节那几天才能回家，给父母的回报和陪伴都很少，这让我惭愧。

　　感谢参考资料里面各项著作的作者。写作这本书的过程，让我明白写作真是一个耗时耗力又收益不高的活，向所有的作者致敬。

　　感谢李成、王春明、刘兴宝、张开荣、赵波、秦丹、魏建、高志顺、郑重、王宇、高羽霭、白骞、何飞、刘鹏、许士民、张兆瑞、于鹏飞、张子超、杨雄、李传夫、齐劲青、卢明伟等中建八局领导和同事的栽培和关爱，你们是我学习的榜样。

　　最后，还要感谢购买这本书的你。书的内容能给读者带去作用，我想没有什么比这更加让作者高兴的了。衷心希望本书能帮助工程从业人员增长能力，提高效率。让我们一起努力，在追求个人身心幸福的同时，为社会、为国家做贡献！

参 考 文 献

［1］帕特森，格雷尼，马克斯菲尔德，等. 关键冲突：如何化人际关系危机为合作共赢［M］. 毕崇毅，译. 北京：机械工业出版社，2018.

［2］戴蒙德. 沃顿商学院最受欢迎的谈判课［M］. 杨晓红，李升炜，王蕾，译. 2版. 北京：中信出版社，2018.

［3］柯维. 第3选择：解决所有难题的关键思维［M］. 李莉，石继志，译. 北京：中信出版社，2013.

［4］邹碧华. 要件审判九步法［M］. 北京：法律出版社，2010.

［5］杨仁寿. 法学方法论［M］. 2版. 北京：中国政法大学出版社，2013.

［6］卡尼曼. 思考：快与慢［M］. 胡晓姣，李爱民，何梦莹，译. 北京：中信出版社，2012.

［7］朗兹. 跟谁都能处得来：72个妙招让你实现职场有效沟通［M］. 薛玮，译. 上海：上海社会科学院出版社，2020.

［8］戴维斯. 人生算法：已被证实的使个人和团队变得更好的15个套路［M］. 杨颖玥，译. 北京：中国青年出版社，2018.

［9］帕特森，格雷尼，麦克米兰，等. 关键对话：如何高效能沟通［M］. 毕崇毅，译. 北京：机械工业出版社，2018.

［10］李思康，李宁，冯亚娟. BIM施工组织设计［M］. 北京：化学工业出版社，2018.

［11］科歌昂，布莱克莫尔，伍德. 项目管理精华：给非职业项目经理人的项目管理书［M］. 张月佳，译. 北京：中国青年出版社，2016.

［12］宋翔. Word排版之道［M］. 3版. 北京：电子工业出版社，2015.

［13］中建八局. 建筑工程施工技术标准［M］. 北京：中国建筑工业出版社，2005.

［14］陈青来. 钢筋混凝土结构平法设计与施工规则［M］. 北京：中国建筑工业出版社，2007.

［15］卫涛. 草图大师SketchUp应用：快速精通建模与渲染［M］. 2版. 武汉：华中科技大学出版社，2019.

［16］朱溢镕，段宝强，焦明明. Revit机电建模基础与应用［M］. 北京：化学工业出版社，2019.

［17］卫涛，李容，刘依莲，等. 基于BIM的Revit建筑与结构设计案例实战［M］. 北京：清华大学出版社，2017.

［18］王君峰，胡添，杨万科，等. Revit机电深化设计思维课堂［M］. 北京：机械工业出版社，2021.

［19］王君峰. Navisworks BIM管理应用思维课堂［M］. 北京：机械工业出版社，2019.

［20］王君峰，娄琮昧，王亚男. Revit建筑设计思维课堂［M］. 北京：机械工业出版社，2019.

［21］北京市建设工程安全质量监督总站，北京建科研软件技术有限公司. 建筑施工安全检查指南［M］. 北京：中国建筑工业出版社，2012.

［22］刘明生. 安全文明、绿色施工细部节点做法与施工工艺图解［M］. 北京：中国建筑工业出版社，2018.

［23］Excel Home. 别怕，Excel VBA其实很简单［M］. 北京：清华大学出版社，2016.

［24］住房和城乡建设部工程质量安全监管司. 全国民用建筑工程设计技术措施：防空地下室［M］. 北京：中国计划出版社，2009.

［25］福建省人民防空办公室. 人防知识专栏［Z］. http://rfb.fujian.gov.cn/ztzl/rffkzszl/

［26］李瑞环. 学哲学 用哲学［M］. 北京：中国人民大学出版社，2005.

［27］刘家栋. 陈云与调查研究［M］. 北京：中央文献出版社，2004.

［28］桦泽紫苑. 为什么精英都是时间控［M］. 郭勇，译. 长沙：湖南文艺出版社，2018.

［29］Excel Home. Excel 2013 数据透视表应用大全［M］. 北京：清华大学出版社，2016.

［30］陈锡卢. Excel透视表跟卢子一起学 早做完，不加班［M］. 北京：中国水利水电出版社，2017.

［31］唯美世界. Photoshop CS6从入门到精通PS教程［M］. 北京：中国水利水电出版社，2018.

［32］桦泽紫苑. 不用背的记忆术［M］. 陈静，译. 北京：京联合出版公司，2017.

［33］MCGONIGAL K. 自控力：和压力做朋友［M］. 王鹏程，译. 北京：京联合出版公司，2016.

［34］袁劲松. 辩证思维10级修炼［M］. 青岛：青岛出版社，2012.

［35］中共中央文献研究室. 毛泽东 周恩来 刘少奇 朱德 邓小平 陈云思想方法工作方法文选［M］. 北京：中央文献出版社，1990.